Cambridge Wireless Essentials Series

剑桥无线基础系列

Essentials of Short-Range Wireless

短距离无线通信基础

〔英〕 尼克·胡恩 著

Nick Hunn

WiFore Consulting

王熠晨 任品毅 译

西安交通大学出版社

Xi'an Jiaotong University Press

陕西省版权局著作权合同登记号：25－2013－048

图书在版编目(CIP)数据

短距离无线通信基础/(英)尼克·胡恩(Nick Hunn)著；
王熠晨,任品毅译.—西安:西安交通大学出版社,2018.1
书名原文:Essentials of Short－Range Wireless
ISBN 978－7－5693－0374－2

Ⅰ.①短… Ⅱ.①尼… ②王… ③任… Ⅲ.①无线电
通信-基本知识 Ⅳ.①TN92

中国版本图书馆 CIP 数据核字(2017)第 321269 号

书　　名	短距离无线通信基础	
著　　者	(英)尼克·胡恩	
译　　者	王熠晨　任品毅	
出版发行	西安交通大学出版社	
	(西安市兴庆南路 10 号 邮政编码 710049)	
网　　址	http://www.xjtupress.com	
电　　话	(029)82668357 82667874(发行中心)	
	(029)82668315(总编办)	
传　　真	(029)82669097	
印　　刷	陕西宝石兰印务有限责任公司	

开　　本	700 mm×1000 mm　1/16	印张　18	字数　233 千字
版次印次	2018 年 5 月第 1 版　2018 年 5 月第 1 次印刷		
印　　数	0001～1800 册		
书　　号	ISBN 978－7－5693－0374－2		
定　　价	78.00 元		

读者购书、书店添货、如发现印装质量问题,请与本社发行中心联系、调换。
订购热线:(029)82665248　　(029)82665249
投稿热线:(029)82665397
读者信箱:banquan1809@126.com

版权所有　侵权必究

目　录

第1章 引 言

在过去的 10 年中,移动产品的发展与人们对其接受程度发生了很大变化。在此期间,移动电话与消费类电子产品从科幻小说的世界中走进了日常现实生活。通常无线网络看起来很平常,例如每天用到的电视遥控器、汽车电子锁和信用卡交易。同时,我们也得大量携带多种移动设备。然而,在大多数情况下,这些移动设备和其他静态产品的设计及功能依旧受限于有线连接形式去传递或共享数据。

短距离无线链路有能力传递移动设备间共享的数据,不论是高速数据流的形式,或者偶尔一次的温度指示数的变化。为协助这种过渡形式,大量的研究工作着手于设计无线标准和相关芯片与软件。尽管在许多设计者看来,从有线到无线方式的转变任务艰巨,但是无线方式依旧不失其吸引力。本书的目的在于阐释无线通信的方式并移除人们一直以来对它的一些错误理解,同时研究和解释新提出的无线通信标准。

1.1 标准的发展

在过去的 15 年里,提出了大量的短距离无线标准。其背后有两个主要的原因。首先是移除电子产品的线缆的诉求推动了便携式产品的持续增长;其次是全球可接入免许可频谱的可用性以及低价硅,特别是在 2.4 GHz 和 5.1 GHz 的频带上提供了一个低价的无线融合的经济市场。

不是所有的无线标准都能使用至今——在一些标准被提出的同时,另一些也就消失了。HomeRF 与 HiperLAN 几乎已经被遗忘了。相较之下,蓝牙与 Wi-Fi 时至今日,依然在数以百万计的设备上使用。它们的成功,使得业界开始意识到可以从这些无线标准中获得巨大收益,这些标准由多硅供应商提供安全保障,从而提高了互操作和更强健的性能。所有这一切标准的出现都源自于竞争与大量工程师不断提炼和发展的结果。

不仅仅是蓝牙与 Wi-Fi,也包括那些针对特定工业化和自动化的产品,都是基于 802.15.4 射频规格的一整套标准,其中还包括 ZigBee、6LoWPAN 和 WirelessHART。其他的一些新出现者,提供了超低功耗与新一代和互联网互联的新的频率优化方案,比如低功耗蓝牙。除此之外,广泛的专有无线电使用相同的未授权频带。

尽管大容量的芯片已经被搭载在各类移动设备之上,但进入市场的应用依旧相对较少。相反,我们可以看到,大部分市场份额是由较少的"强势"应用所占有。例如,被用作游戏控制器以及语音耳机,而 Wi-Fi 成为了无线网络的连接方式。其他的一些标准仍在无线的生态系统中苦苦追寻自身的系统定位。

两个因素造成了这种情况。首先是"规模之路",这可以使标准在大体量的设备带来"免费路径"的同时具有经济优势;其次是相对复杂性,这涉及到如何将标准转化为互操作性应用。

蓝牙与 Wi-Fi 带来的免费路径是其一大优势,这使得新的应用在被使用时足够便宜。了解到这一现象,我们需要在涉及和生产硅芯片时,也要考虑到它的经济性。

投资半导体始终是一场豪赌,特别是当一家公司的意愿在于支持工业化标准的时候。由于若干家公司可能瞄准同一项标准,所以一个市场常态就是相当比例的公司不会再得到任何市场份额。对于无线芯片设计者来说,这是一个无法避免的情况,芯片的设计成本意味着市场的销售量达到百万,才可以生存下去。一个普遍共识就是,一个复杂无线芯片组的设计成本约在 300 万~1000 万美元范围之间。成本范围的上限处所涉及的芯片通常包括应用处理器并嵌入协议栈。如果芯片中含有多个射频部分的话,成本可能更高。从一个侧面说明,使用这些设备时生产商需要将每枚芯片的价格压至低于 5 美元。以每年销售 10 亿的蓝牙芯片为例,它的价格现在每枚低于 2 美元。在最多使用者的手机行业,它的售价接近 1 美元。

当售价与潜在的利润为每枚低于 1 美元时,公司需要出售至少 1000 万~2000 万枚芯片来冲抵掉它的开发成本。一些企业将会盈利并得到很大的市场份额,而一些将会因此而破产。

对一项标准而言,证明自身的价值至少需要 3 家厂商来基于其开发互操作产品。如果没有这些,将没有真正的、持续的生态系统的保证。维持标准自身,就需要保证市场每年有 5000 万~10 亿的芯片需求量。

这样的销售量是很难实现的。到目前为止,DECT 是唯一能做到这点的短程无线电标准。但为了做到这一点,开始阶段它是作为一种昂贵的共同产品。对于其他者而言,就只能是依靠"免费路径"这一条。蓝牙与 Wi-Fi 在它们的通常使用方法发现之前,分别被做进了手机与笔记本电脑。这意味着芯片的销售量瞄准硅公司和标准社区的资金。这推动了芯片价格的下降,以便于公司可以设计并生产出最终由消费者买单、价格合适的手机及接入点,并推动行业的良性循环。对于这两种技术来说,芯片的价格现在已经低到可以来支撑一个新产品不断产生应用的繁荣市场。但是,若没有免费路径这一说的话,它们依旧只会是小批量的产品,如果它们还存在的话。这对于标准开发者是一个重要教训也是告诫,开发者需要确保在设计过程当中,他们需要的标准和芯片依旧在售。

1.2 市场

使用无线标准的产品也有一些令人兴奋的新的增长领域。我会在本书的最后一章尽可能地描述一些市场细节,也给一个不同应用的范围指示。值得指出的是,它们的多样性不仅仅在已经存在的一些领域，也在未来几年中都将会出现的领域。今天，有许多在诸如笔记本、手机上以前从未被使用过的芯片。新市场有望改变这种状况，无线将成为这些产品的一项基本功能。

下面讲到的前三类——游戏、语音和互联网接入，在如今的无线应用中超过90％。剩下的几类也有望加入其中，成为市场的主力。

1.2.1 游戏控制器

Nintendo Wii 及其模仿者的成功，提供了无线标准大规模单独使用的范本——蓝牙。在解说用户如何接受无线标准作为整个产品的一部分时，这是一个很好的示例。同时，它也很好地阐释了无线标准是如何成为一个产品功能的一项基本组成部分。不像一部电话或者一台笔记本电脑，无线成为了其众多特性中的一项，如果没有游戏控制器，那么它将无法正常工作。

1.2.2 语音

以在无线耳机中的使用为例，语音是下一个最大的无线应用，这也是售出大量独立蓝牙芯片的主要原因。以估计约有二十亿具有蓝牙功能的移动电话为依托，这一状态很有可能保持若干年。然而，在已售出的耳机中，大约只有三分之一在售出的最初几天之后仍然被使用。

1.2.3 互联网接入

紧随其后的是 Wi-Fi，通过一个接入点来将笔记本和手机与互联网连接。在未来的几年里，我们会看到连接将扩展到其他的产品上，并需要向远端网站或者监控服务报告它们的位置所在，以及使用日益增长的公共及个人接入点。尽管使用量一直在增加，但是据估计有超过一半基于 PC 和超过四分之三基于移动手机的 Wi-Fi 芯片从未被关机。

尽管 Wi-Fi 有直接连接到网络的能力，但它的使用近乎全部都是发送邮件和浏览网页。当我们仅仅只需要网络连接而不涉及人的时候,由低功耗标准 ZigBee 与蓝牙作为网关,在新一代电池供电产品进行网络连接的竞争中脱颖而出。

1.2.4 互联网连接设备

互联网连接设备是一些新兴市场增长的关键所在。以下部分提供了关于此的概述,第 12 章将探讨有关它们的详细信息。

1.2.4.1 健康与健身

无线有望通过连接个人设备与医疗服务器或者个人 Web 应用程序变革医疗保健服务。这被称作远程医疗、电子医疗或移动医疗,后者通常一般指使用产品连接或者使用移动电话连接。这个市场背后的驱动力是,人口老龄化所带来的医疗成本过高,社会有降低医疗成本的需要。由于三分之一的人口长期忍受慢性病的折磨,它也同时试图通过提供具有建设性的反馈来解决个人健康管理问题。

这个市场是广泛的,涵盖了运动、健身和健康,同时也涵盖了为老人和体弱者提供生活辅助设备,来帮助他们保持自己的自主性和居家生活。由于每个装置都需要装配几十个不同的简易传感器,因此它打开了一个需求数十亿无线设备的潜在市场。

1.2.4.2 智能能源

智能能源是家电消耗能量的远端控制。世界各国都在制定降低能源的战略,并且一个积极追寻的途径就是主动地控制能源的使用方式。智能能源倡议尝试改变用户的行为,或者使用较少能源,或者提高其利用率,以便减少发电所需的设施。

这个方式的一个重要基础就是提供智能电表,来告知用户他们实际的消费。下一步就是家电提供者控制家用电器来降低或分散能源使用。气表与水表是不可能供电的,而壁挂式和立式产品,如恒温器和显示器,可能需要电池或者扫功率。因此超低功耗无线标准的优势在于,包括 ZigBee 与低功耗蓝牙,解决了这类市场需求。

1.2.4.3 工业自动化

尽管只是个较小的市场，在工业自动化及工厂内，一些无线应用仍具有较高价值，因为有线的传感器花费不菲。无线技术开辟了安装更多数量监视传感器的可能性，特别是安装在旋转或者移动的器械上，在这之上布线通常是昂贵或不可实现的。

用于工业自动化上的无线技术的优势在于得到了有关机械状态的良好反馈，以减小由于维护和停机所花费的成本。

1.2.4.4 家庭自动化

家庭自动化起步发展缓慢，但是随着易于安装无线产品的可用性的增加，现在其需求也开始增长。目前市场中的产品主要是用于报警，包括防盗和安全（如监测烟雾与一氧化碳气体）。尽管这些供应商特定提供的产品大多使用专有的无线标准，ZigBee 与低功耗蓝牙正在发展解决这类问题的配置，并对这个市场带来互操作性。一些其他新兴的无线标准正在出现来专门针对这些市场，其中主要的是 Z-Wavehe 和 EnOcean 公司联盟。

1.2.4.5 消费附件

如今在家庭自动化中最成功的应用就是电视的遥控器，尽管它使用的是红外线。无线技术在家庭内使用的产品越来越多，再加上扩展无线连接到智能手机的愿望，导致了厂商从红外到标准无线连接的转变。

1.3 什么是标准？

这似乎是一个很明显的问题，但是在继续讨论之前，有必要对一个标准，或至少是一个无线标准进行定义。随着时间的推移，标准这个词的含义已随着越来越多被称为标准的规范而改变。下面的定义是我自己对于什么是一项标准的看法，并确定了我在这本书中所包括或者排除的内容。

从哲学的观点看，一项标准的目的在于可以使采用它的设备同时工作,或者共享设计细节。我认为一项标准必须能够使不同的生产厂商通过使用技术要素来实现它。换句话说,如果它仅仅只支持一种芯片和协议堆栈,那么它就不能被称之为标准。即使这项规格被公开发布,若一个制造商消失,标准也会随之死亡,那它就不是标准。也就是说,排除了像 Z-Ware 和 ANT 这类的"标准"。它们可能在未来吸引其他供应商的目光,但在今天它们是单一供应商使用,并给产品设计师带来设计风险的标准。正如我所指出的,要保持其生存,一项标准每年需要被搭载在约 100 万枚芯片上。如果做不到这点,纯粹经济因素也会威胁它的长期生存。

我想要说明的下一点是标准或参考具有一个向上延伸至足够多层来提供设计互操作应用能力的协议栈。如果没有,那么它本质上就是一个标准的构建块而已。因此 802.15.4 就倒在了这一缺陷上,即使它提供了 ZigBee、WirelessHART 和 6LoWPAN 的基础,而 802.11 则通过使用 TCP/IP 至少在其命名方式上越过了这点。但这是真正的 Wi-Fi 联盟的工作,改变其位置从纯粹的射频和基带到一个适当的状态、可互操作的标准。802.11 是 Wi-Fi 将自身立场从纯粹的一种无线电基带转变为一项适当的互操作的标准的结果。如果一项标准不提供这种级别的定义,那么在安装和使用中,将会存在定义不清、用户难以理解的风险。

我的第三点将探讨标准主体如何来确保产品可以共同工作。这需要设备在允许进入市场之前必须达到统一的合格条件。如果不能做到这点,那么设计师的设计弹性会过于大以至于达不到标准所规定的细节部分,从而导致产品无法工作。这也就是标准数量开始下降的原因所在。

最后,我想补充一个要求,标准必须具有强制执行方案允许它删除市场上不符合规定的产品。没有这一点,那么资格审查过程是没有意义的,并且强制执行方案是必须使用的。迄今为止,只有蓝牙与 Wi-Fi 可以声称做到了这点,而 ZigBee 尽管有此方案,但并没有做到位。表 1.1 是标准和非标准同时进行对比的示意表。

　　表中具有更高的评分标准,更易被发现构建了一个可互操作性产品的环境。当一个标准具有以上四个特点的话,那就可以断言,它已经成功地从一项具有良好 PR 的专有标准成为了一项真正的标准。

表 1.1　无线标准表

标准	应用配置文件	多供应商	授权程序	执行程序
蓝牙	是	是	是	是
802.11	不适用	是	否	否
Wi-Fi	是	是	是	是
802.15.4	不适用	是	否	否
ZigBee	是	是	是	不活跃
低功耗蓝牙	是	是	是	是
无线 HART	不适用	是	否	否
6LoWPAN	不适用	是	否	否
Z-Wave	是	否	是	否
ANT	是	否	否*	否
无线 M-Bus	否	是	否	否

* ANT 资格是自我认证的。

1.4　无线标准的选择

　　尽管可用的不同标准与搭载的芯片数目众多,但仍是只有相对较少数目的应用会被大量使用。多样性欠缺的一个重要原因就在于适用标准支持互操作应用的相对难易程度。这并不是很吸引芯片供应商的兴趣。为了达到高产量,一般是选择硅、栈和应用提供商的注意力集中于高度集成的应用程序,并希望能拓展市场应用的领域。

事实是大部分硅公司用来支持大范围不同应用的资源是有限的。它们通过将数以百万计的芯片销售给几个大客户的手段来盈利。为了推进这项事业,它们开发了参考标准,设计流行产品,例如耳机、接入点与个人电脑适配器。由于市场上的大多数产品都是基于此的,实用知识使用有其他目的的标准有一些令人惊讶。

如果没有一个比较的标准和芯片间的接口,那么选择出最合适的无线标准,然后将其设计成为应用将会变得相当困难。理解标准是不易的,设计者需要知道如何选择一项标准是一项重要技能,如何使用它进行连接,如何将它与自己的数据协议进行对接。

在实践中,设计者很少能在无线标准的范围之内做出改变。如果需要改变的过多,它将不再是一项标准。然而,大部分关于无线通信的书籍都专注于描述自己所选择标准的精细细节。这也许非常有意义,但是对于大多数设计者来说却是无关紧要的。知道的足够多对于做出明确的决定是重要的,但是在产品设计方面,信息包格式的精确细节与编码机制方面的知识是过于学术而不实用的。

1.5 无线应用的领域

尽管无线的发展有多个不同的原因,但是采用它的过程通常也沿着相同的路径发展。它的第一步是用来取代电缆。这其中的原因可能是为了方便,也有可能是出于降低电缆安装成本的考虑。后者是因为高危环境的需求,比如工业厂房,在这类地方铺设传感器的线缆可能需花费数百或数千美元。

一旦公司对于作为线缆替代品的无线方式感到满意的话,那么下一步将会使点到点的替换改变,这样就可以连接更多的产品。这是连接拓扑结构与电缆可用性的不同,它总是施加一个一对一的关系,尽管在网络层之外可能有更复杂拓扑的选项。即使拓扑增加了产品互联的复杂性,在这个阶段,它们中的大部分仍被设计为独立实体,无线方式给它们提供了更为灵活的连接方式。

最后也就是最有趣的阶段,在产品设计上的原则就是,这个设备以无线方式连接并且无线连接是它存在的一个不可分割的部分。通常,这意味着通过某种网关形式实现自动互联网连接。今天,业内人士仅是在第一阶段上理解这一点。在接下来的十年里,更多的设计者将会理解无线互联网连接产品的含义,这很可能会改变设计和使用产品的方式。

1.5.1 无线标准与专用无线

对无线的欢迎,第一个也是最常见的原因就是它替代了设备之间的电线。对许多这些应用来说,并没有标准的需要,因为连接的两个装备是由同一个制造商所生产,而使用专用无线连接的市场依旧存在。

在两个终端不是由同一个制造商所生产的情况下,标准的重要性将会凸显出来。常见的例子是耳机与手机,或者笔记本与接入点。只要需要无线链路的设备超出了单一公司的产品单,标准将提供产品生态系统的互操作性,从而可以适用于多个厂商产品间的互动。我们回头来阐释"生态系统"这个词汇。一项成功标准的主要目标就在于可以实现不同厂商所生产出的产品相互连接问题。所能支持的生态系统越大,那么这个标准就越是成功。

电缆的替换随应用的变化而随之变换。它们可能会要求在一个极大的范围之内(也许以公里计算)得到高数据速率、专用或Ad-Hoc连接。随着无线标准解决更多的应用和扩大自己功能的需求,它们背离了专用无线电系统,而采用短距离通信标准,这是一个渐进的举措,因为随着芯片和协议栈不断做出很多工作以及经济规模的扩大,使得硅的成本也更为低廉。

1.5.2 拓扑的重要性

第一个简单的变化是设计师和用户需要在使用无线的时候,

需要了解到他们的新设备是在与谁连接。在使用电缆时，这个问题是很容易解答的——在想要连接的两个设备上均具有一个物理的连接器，并且使用具有配对连接器的电缆连接它们。

在无线的场景下，连接的简易性消失了，因为插头和插座的作用被无线方式所取代。理论上，一个具有无线功能的无线设备可以与被连接范围之内的任意兼容设备相连接。这提出了一个需要解决的问题，就是它必须保证易用性，但是它也引入了一个很大的特点，使产品设计的演进进入下一个阶段。这个特点即是无线标准允许有多个产品同时相连。这与电缆连接是不相同的，并且需要人们花些时间去鉴定它的这项潜力。在日常生活层面上，它使得一个 Wi-Fi 接入点可以同时接入多个笔记本电脑。它也让一台笔记本电脑在使用无线鼠标与键盘的同时，还可使用无线耳机来收听音乐。或者，它可以允许大量的传感器将数据传送到控制器。它开辟了新的关于联通的思考，包括 Ad-Hoc 中每个连接的持续时间，或者大多数无线标准都具有的混杂能力，即允许设备自愿地加入或离开网络。这意味着：开发者必须在设计时考虑拓扑因素，而这在有线情况下是无需考虑的。我在全书中很多处都讨论了拓扑，这也是区分无线标准与有线标准的重要区分方式。它设定了与相近有线标准不同的新范式，并使得设计者能够使用新的使用模式来开发自己的产品。

1.5.3　物联网

设备到互联网的连接，无论是通过有线方式还是无线方式，都被描述为"机器到机器的连接"，通常简称为 M2M，或通俗地称为"物联网"。

设备与互联网的连接与设备之间的连接是不相同的两回事。在过去，这种机器之间互联是困难并昂贵的。硅技术与标准的新发展意味着无线设备与互联网的互联愈加便宜且便利。它有多种实现方式。目前的做法是 Wi-Fi 通过一个接入点连接到一个 IP 地址上，或者蓝牙使用手机作为网关来实现联网。然而，这种连接方式和我们以个人身份与互联网的连接是截然不同的两码事。对于这些设备，与网页应用的连接是它们的一项基本功能。无论它是一个健康监视器、一个环境传感器或者家庭报警器，相关的网页应用都成为了产品设计的一个基本组成部分。如果没有它，相关设备也就没有了用武之地。

这些产品才刚刚开始面世。目前的大多数标准并没有完全实现这项功能，因为它们的关注点仍只局限于 D2D 的连接。要实现"物联网"，这应用程序需要实现从设备到网页应用的全覆盖。新兴的标准，诸如低功耗蓝牙、6LoWPAN 和智能能量 ZigBee2.0 版本都正在解决设备转向网页标准化的问题，并很有可能成为新的电子生态系统的重要组成部分。

新的连接设备开始陆续上市，它们对设计者提出了新的挑战，这要求设计者在产品设计中应把连接的网页应用也作为设计的一部分。今天，几乎所有的产品，我们自己都不清楚它们到底还有其他什么能力——它们有自己的功能，并且不沟通它们之间的数据——关于它们的自身情况，它们所做的事情或者它们所测量的数据——或者其他。正是鉴于此，它们被独立地设计，它们的电子生态系统是由有着共同设计风格的一系列产品构成。随着我们向前迈进新的连接产品的时代，创新性企业将借此机会，开发出新的、更具颠覆性的产品与服务模式。深思熟虑的无线设计师需要熟识基于云的应用程序与 web 服务和自己知识之间的关系。尽管这超出了本书的阐释范畴，读者仍可以通过参考文献 [1] 和 [2] 来了解这些潜力。这就要求应用开发商、开发者必须了解内部资源或者外部开源环境是如何与开发周期相融合的。无论采取何种方案，他们都需要在产品设计周期时对每个方面做一个整体规划。

1.6 本书的使用说明

由于有众多的规范和标准可供选择，大多数人会在得到他们所要问题的解答之前而陷入细节之中。

通常，无线标准都有比它已实现部分更多的信息。它们已经从基本的无线适配区分自身与特定连接拓扑来适应所配套无线电协议栈的进一步发展。我会关注它们之间的共性多于呈现它们之间的竞争选择，并且去阐释它们的差异点和差异的原因，以及这些差异如何影响其使用。

开始之前，我们将着眼关于无线电选择的显著特性，这包括范围、拓扑结构、安全性、数据吞吐量、时延、干扰鲁棒性与功耗。这些都是你要了解的核心差异，而第一步要做的就是做出明智的选择。

一旦我们确定了标准的选择，那么我们将会更详细地学习每个无线电标准如何解决具体问题。这本书并不打算给你一个深入的关于不同标准复杂性的介绍，但是相关细节知识的不足将会影响你对它们是如何工作的了解。因此，相关问题可以咨询生产厂商，并了解如何使用该标准的特性来构建一个应用程序。对于那些想要深入研究的读者，参考手册将会给出关于标准的更多细节信息。

之后，那才是真正的要点所在，通过解释无线标准在产品中应用的作用方式，我们将会看到如何将标准开发成产品。这看起来像是前面所提到的无线参数，包括拓扑结构、安全连接方式、功耗管理、发送不同数据类型和与其他无线设备的共存问题的实用性说明。但它同时关注于需要的工具与技术，包括系统设计的讨论、大范围内设备间无线连接的架构。其目的在于给你实现无线数据连接信心，不论是在简单的线缆更换还是完全的互联网连接产品。

为了完成具体的设计，本书涵盖了标准的实用性、规则、产品测试和出口管制。虽然这些很少被讨论，但是对这些点了解得不够会有推迟进入市场的时间及增加数十万美元开发成本的潜在风险。任何人在开始从事无线设计的时候都要明白，选择最具成本效益的标准也是一条重要因素。我同时也关注知识产权的问题。每项标准都有自己接近 IP 许可的方式,它可以揭示厂家侵权的级别及成本损害。

最后,结尾一章强调了短距离通信的重大机遇,探索了它期许创造最大影响的关键市场。

我的希望是,读完本书后,产品设计者可以做出明智的无线标准选择,并有必要了解规划的设计过程,提出正确的问题,这样会有助于做出一项成功的产品。

1.7　参考文献

[1] Michael Miller, *Cloud Computing: Web-Based Applications That Change the Way You Work and Collaborate Online* (Que, 2008).

[2] Gustavo Alonso, Fabio Casati, Harumi Kuno and Vijay Machiraju, *Web Services: Concepts, Architectures and Applications* (Springer, 2003).

第2章　短距离无线通信的基本原理

大多数无线基础都说谎了。或者，公正地说，它们倾向于对如下事实保持沉默，即引述无线的性能或特征时，都为其最好的或最大的值。在实际生活中，那些特征和性能中的许多因素是相互排斥的，或者说它们会受到其所处环境的损害或影响。应用范围与数据吞吐量之间总存在一定的折衷关系。这两者又都与功率消耗之间存在折衷关系，以及诸如此类的问题。在本章中，我们将观察无线通信中的主要参数以及它们是怎样相互作用的。

需要了解的一件重要事情就是，我们此处涉及的大多数无线标准比大众普遍承认的具有更多的共同点。每个已经被优化的标准都可以很好地完成一些特定的工作（通常是它们的主要应用场景），但是所有的标准都可以应对大量的其他应用场景。产品设计师所面对的问题是，一旦他们远离了这些明显的应用场景，他们需要决定哪种无线标准最适合他们的需求。

在本章中我们将会看到设计师在做出选择时需要考虑的基本特征。这会使你明白折衷关系的存在，以及帮助你向你的设计团队和无线技术供应商提出正确的问题。即使你知道你想要使用哪种无线标准，上述说明也能让你通过观察不同参数如何影响彼此来启动你的设计的优化过程。

2.1　基础知识

虽然有许多你需要知道的关于无线通信的知识，但是其中有三个基本原理是非常重要的，因为它们管理的许多方面都与连接的性能相关。

2.1.1 连接模型和拓扑

这是设备发现彼此、进行连接、维持节电模式下的连接以及断开连接的方式。在有线领域中是不存在此类问题的,因为一直处于连接状态,但是在无线领域中它可能成为一个主要的问题。

2.1.2 延迟、应用范围和吞吐量

无线的行为不同于有线。在某一端注入的数据无法立即到达另一端。无线可能是一个瓶颈,其在发送数据时具有变化的时延,并且在有限的应用范围内工作。所有这些都意味着你需要用新的眼光来观察数据的传输。

2.1.3 安全性

在无线领域中你需要确定连接的是什么,因为这里没有方便的插座可供插入。一旦解决了这个问题,无线标准需要确保没有人可以窃听或捕捉发送的信息。你的安全性越高,则更可能影响吞吐量以及解除连接。

一旦理解了这三个基本概念,剩余的大部分内容就是优化和规划最好的拓扑。在没有理解这些内容的前提下试着去设计一个无线网络将会是痛苦的经历。这些项目通常用于区分不同的标准。在致力于阐述各个标准的章节中,我将尽力使上述问题明确。在本章的剩余部分,我将介绍更加共通的方面,这些通常会形成一个设计师的需求列表。

2.2 无线架构

在我们开始叙述之前,值得快速浏览一下无线标准的架构。大多数工程师都被教导要熟悉标准的七层 OSI 网络模型。虽然许多人已经做出了勇敢的尝试来将它映射到无线标准的实际实现中,但是其契合并不完美。在过去的十年间,无线标准的架构

已经做出了调整,以反映芯片实现以及包含这些芯片的设备的物理接口这两者的物理架构,例如电话和 PC 机。无线标准参考的是 PHY、MAC、主机堆栈和配置文件的架构,而不是应用 OSI 中的各层(图 2.1)。

　　在所有下面的章节中,我都将使用这种格式来描述不同的标准。

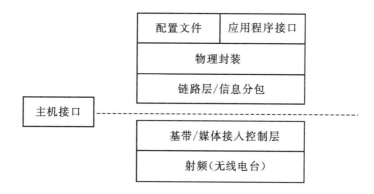

图 2.1　无线架构

2.2.1　无线电台

　　我们的叙述总是更容易从底层开始。对于无线标准来说,该层始终被认为是无线电台。无线标准使用未经授权的频带时需要采用符合国家要求的用法。这样做是为了保证频谱使用的公平性。这些要求提供了一个法律框架,使监管机构有权从售出的产品中删除不符合要求的“反社会”的无线电台。所有的标准都规定无线电台要符合这些要求;因此,上述规范涵盖了这些要求,如最大功率、频谱屏蔽、频谱使用和编码方案等。

　　虽然这些标准通常作为全球性标准提出,并且标准机构一直努力确保这些标准受到世界各地一致的监管,每个国家仍然保留着它自身的无线频谱的控制权。其结果就是,设计者需要意识到这些国家变化的存在。有些国家允许更高的发射功率,而另一些则限制其使用于特定的区域或应用场景中。

　　RF的设计通常是任意无线标准中最小的部分。很多设计师惊讶于硬件规定可能少于说明书总页数的5%。对大多数设计师来说,这是一个除了输出功率之外他们没有能力改变什么的领域。

　　另一个令人惊讶的地方是无线电台影响标准性能的方式。虽然无线电台规范中的差异性会带来一定的影响,但其影响并不像更高层堆栈的影响那样大。堆栈控制着设备可以在节点之间连接和传递数据的方式以及该链路的控制方式。这些层要为标准的不同体验负更多的责任,而无线电台只是物理传输设备。

2.2.2　基带:媒体接入控制(MAC)

　　基带告知无线电台怎样及何时在空间中发送数据。它控制着频谱接入和组装用于传输的数据包,并决定怎样及何时发送数据。它包括了针对跳频标准的跳频序列规划以及针对条件接入标准的动态感知。

　　基带的较低级别负责建立、管理和维护无线设备之间的链路。我已经指出了无线连接和拓扑要远远复杂于通过插入电缆来进行控制的有线环境,上述机制用来管理位于基带内的链路。

　　基带也以认证和加密的形式控制针对连接的安全性的最低级别。核心安全始终位于这一层,这是因为它确保了被安置在尽可能接近无线电收发机处的空间接口的安全性。这种情况允许在不需要唤醒主机微处理器的前提下维持安全性,但是可能需要芯片设计商增加硬件加速器以应对处理需求。

　　在基带的顶部,大多数无线标准都规定了一个接口层。该结构由若干不同的需求所确定:

　　• 物理需求,该需求可能是指无线芯片提供其物理接口的场所。由于这一原因,它已经在许多无线架构中被标准化,并允许为各种不同的供应商所提供的无线电台或基带芯片设置互操作层。

• 它为 PC 应用提供了一个经济点,其中所有较高协议的堆栈可以在 PC 上执行。这对于大多数蓝牙和 Wi-Fi 的基于 PC 的实现来说已经成为事实。

在某些场景中,不同的标准组可能会负责电台和较高层的堆栈。这对于使用由 IEEE 802.11 组定义的电台的 Wi-Fi 来说是真实的,对于建立在 IEEE 802.15.4 无线电之上的 ZigBee 来说也是真实的。

这种架构的分裂意味着有一个明显的机会去较好地定义基带顶部的空间接口。一些标准,例如蓝牙,对其进行了明确地规定,即使到目前为止,也只是指定了其在 USB、RS232 和 SD 的特定的物理接口上是如何工作的。其他标准规定了一系列的编程命令,但是将物理的实现留给了特定的芯片供应商的突发奇想。在蓝牙产品具有 USB 接口的情况下,不同的芯片供应商有可能交换其芯片实现方法并期待完全的互通性。相对地,Wi-Fi 将 MAC 接口留给了具体实现者,因此同样的可交换性是不存在的。除了提供基于标准的基础功能,所有的芯片设计师补充这些为了生产测试或者专有增强标准而设计的专有的功能。如果这些被利用,设计师应该意识到这些功能将其自身交付给特定的供应商。

2.2.3　高层栈

无线电台和 MAC 负责建立、维护无线连接,确保数据在空间中传递。在大多数情况下,它们还将兼顾至少一部分安全性和加密性。它们做什么和不做什么是需要与设备的应用进行相互作用的,这就是较高层堆栈所扮演的角色。

较高层堆栈有各种各样的来源。其中的一些,例如 Wi-Fi,是基于有线协议,例如 TCP/IP 的。而另一些则由使用预先存在的无线电台和 MAC 的组织所创建,其实例为 ZigBee 和许多其他的使用流行的 802.15.4 MAC/PHY 的堆栈。在其他情况下,如同蓝牙的组织同时指定无线电台和较高层堆栈。

较高层堆栈提供应用和无线连接之间的链路。由于它们规定了伴随着标准化的 API 的数据的包装和格式化的标准化方法，因而它们具有一项重要功能即在不同厂商的设备之间提供互通。然而，它们通常不了解应用过程或应用领域是如何需要工作的细节。对于该层次的互通性，标准通常需要增设配置文件。

2.2.4　配置文件

　　配置文件是标准化组的一个意图，目的是将互通性一路攀升到应用层。配置文件是在第一代 DECT 无绳数字电话进入市场后才到来的。这些配置文件符合标准的要求，但是由不同供应商提供的模型却不具有互通性。其结果就是，消费者避开了它们并且市场陷入停滞状态。为解决这个问题，DECT 行业发展了它的通用接入配置文件以提供附加层，这意味着用户可以对来自不同制造商的电话进行混合和匹配。它可以工作并将生命气息吹进了 DECT 市场，这是一种已经被许多其他无线标准所采用的方法。

　　配置文件主要是告诉制造商如何使用无线标准以使得特定的应用能够执行。通常来说，配置文件是规范且复杂的，因为它们试图去涵盖针对特定应用过程的两台设备间所使用的命令、数据格式和数据协议。这可能涵盖设备彼此之间如何连接，必须得到满足的安全性需求，怎样应对误差和从误差中恢复的方法以及用户接口的功能。

　　配置文件总是包含了一些强制性特征，如果它们被批准，这些特征就必须被执行。为了试图确保互通，标准机构运行资格程序，如果制造商声称它们符合规定，那么它们就必须提交它们的产品给该程序。

　　由于其复杂性，只有相当少量的配置文件跨越了无线标准，而这些文件已经为大容量应用进行了开发。配置文件通常由标准机构中的工作组进行开发，并具有针对于特定应用的特定的市场。

　　为解决更广泛的应用问题，我们可以将配置文件分为应用配置文件和传输配置文件。后者的存在是为支持更广泛的应用提供一种手段。它们被限制成为连接设备的方法,包括安全性和通常是一个串行端口的物理传输接口,而并不是让它们自行配置到特定的应用中去。它们不详细叙述数据格式化的方式,因此其仅仅是提供了 RS-232 电缆的无线等价物。然而,它们的灵活性使得成千上万种不同的应用能够进入市场。

低功耗蓝牙以及 ZigBee 已经进一步发展了配置文件的概念,以尝试并使其更容易地被企业用于开发应用领域。对于 ZigBee 来说,其通过使用提供标准化功能的 ZigBee 簇库,可以被专有的应用领域接入和利用。低功耗蓝牙约束其应用领域去使用一个单一的、经过良好规定的协议,然后使用一组面向对象的服务以提供一种更简单的、灵活性可供选择的应用给配置文件。上述两者代表了新一代的方法,其复杂度在配置文件定义中已经增长了。

需要指出建立不含有特定配置文件的应用可以成为一项艰巨的任务。一些模块和软件制造商生产含有专有 API 的建筑模块来简化这一过程。这些内容将在本书第 12 章中进行讨论。

2.3 无线参数

无线连接的大多数方面都彼此交互,因此重要的是在选择标准时或开始一个新的设计时对其全体进行考虑。每一种应用都有不同的需求,一个很好的方法是仔细记录参数列表。我们将会看到该列表上所需要的一些关键参数:

- 覆盖范围
- 吞吐量
- 输出功率和链路预算
- 干扰和共存
- 安全性——认证和加密
- 功率消耗
- 拓扑

- 连接类型
- 延迟
- 可用性和调试
- 配置文件和互通性

最后两项虽然不一定影响性能，但是它们可以影响拓扑，并造成非经常使用的系统与需要专家来设置的系统之间的差异。

2.3.1 覆盖范围

在观察一个无线标准时，覆盖范围总是设计师所提出的第一个问题。因为无线是如此的无形，长的覆盖范围似乎提供了第一层次的安慰。设计师似乎会认为如果覆盖范围足够大，则随后一切都将工作。关于你要获取比你所需要的更广的覆盖范围这一点有很多需要说的，这是因为只要无线电台被放置在建筑内，衰落、干扰和反射将明显降低其覆盖范围。（数据表总是引用一个已经被标准的营销成员计算和推广的"理论的"覆盖范围，或者是在晴朗的天气条件下在一个广大的空场中所测量出的"自由空间"或"开放领域"的覆盖范围。后者的优点是其为可量化的量度，但是这两者都与你的实际应用场景不相关）

覆盖范围是与吞吐量和输出（发射）功率密不可分的。这是一个吸引人的课题，其本身可能需要一本书来叙述。为了简便起见，我们将只探讨所涉及的主要因素。

第一个问题是，"覆盖范围是什么？"不同于通常工作（当其插入时）或不工作（当其不插入时）的电缆，无线性能因为发射机和接收机间距的增加而下降。这不是一个线性的下降过程。一般来说，该连接维持一条链路，该链路支持接近于发射机和接收机所能支持的最大速率的数据速率，直到该速率达到一个其开始下降的点，并伴随着由于发射机和接收机的间距的增加而引起的衰落的增加（图 2.2）。因为对确定覆盖范围的极端情况的位置没有严格的定义，所以不同的观点可以影响发布的数值。

对覆盖范围终止的位置没有统一的定义。在一端，其可以被

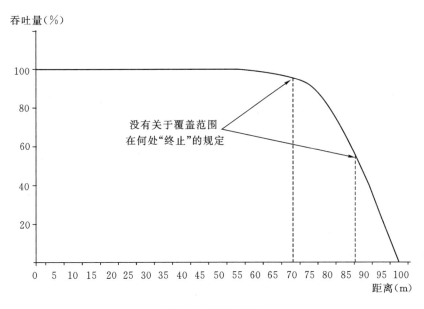

图 2.2　覆盖范围

认为是吞吐量下降 5％～10％的点。在另一端，它被认为是覆盖范围完全终止的点。采用链路丢失时所处的点不是一个定义覆盖范围的好方法。因为我们所观察的所有无线标准都试图重发没有被接收机所确认的数据，数据将连续缓慢地流动，即使是在极端的覆盖范围中。这样将会存在一个点，在此处会出现十分罕见的情况，即看门狗或者链路监督计时器将会决定已经到达了放弃上述发送意图的时间并通知用户该无线链路已经丢失。然而，这存在一个问题，即该点经常远离任意可用的位置。这将几乎肯定会把无线电台代入功率消耗已经显著增加的操作域。多次的重试不仅仅意味着吞吐量的减少，它还意味着更高的功率消耗。原因很简单，但是往往被忽视。如果需要传送一个数据包三次，将需要保持无线电台更长时间的供电。这往往会带来比预期更大的影响，因为无线电台可能会在等待得到一个重新发送消息的机会时保持清醒，否则它就会在那里转移到睡眠模式。在其极端的覆盖范围中运行该链路可以显著地影响电池寿命。

对于数据传输来说,覆盖范围经常被当作这样一个点,即在该点数据速率降为最大值的 1/10 左右,其仍然是可靠的。对于音频来说,其范围是噪声和失真使得接收信号不可接受时的点。它们都是主观的量度,并没有正式的定义。无论采用哪种方法确定覆盖范围,几乎可以肯定的是,它的执行将使用你的应用场景所经历的不同测试环境,因此你应该总是在产品开发的早期测试其覆盖范围。除非知道可以在所有无线电台部署中控制环境,否则你始终要致力于很好地工作在针对目标环境的预期范围中,最好是不超过测量范围的 30%。

吞吐量降低是基于这样的事实,即数据在背景噪声中开始丢失。随着发射机和接收机进一步分离,到达接收机的信号强度会变得更小,直到它到达这样的一点,即在这一点信号不可能从背景噪声中分解出来。这种情况在真实的世界中由于噪声的影响而加重,该噪声可能会导致数据流中个别的比特被损坏。无线电链路的质量由无线通信中的一个经常常用到的量度来表示——误码率(bit error rate),或者记为 BER。

误码率是一个很简单的概念,其定义为

$$误码率 = \frac{错误比特数}{传输比特的总数}$$

它被表示为一个数乘以一个 10 的负次幂。无线网络中典型的数值处于 1×10^{-5} 到 1×10^{-10} 这一范围内。这不是一个有界的量度,或者与特定的时间相关,但是其倾向于在一个特定的物理部署的条件下保持不变。

虽然无线电单元的物理布局对 BER 有很大的影响,它还是会受到无线电台自身设计的影响,特别是会受到接收机从背景噪声提取数据的能力的影响。这种能力反过来又受到设计使用的调制方案的影响。然而,上述的大部分内容是超出用户的控制能力的。那样的话,执行者可能能够施加的影响是在接收机处的本地噪声水平和接收机芯片的选择上。这意味着不同供应商提供的相似的芯片可能在它们的接收灵敏度上有显著的差异。发现这一问题的唯一途径是对芯片进行测试。

2.3.1.1　链路预算

当我们选定无线电台后,还有更多的参数可以被改变,从而影响整体的覆盖范围。其中至关重要的是被称为链路预算的概念。链路预算是一个数字,其考虑了影响设备之间的数据包传递的所有特征。其中贡献最大的两个是发射机的输出功率和接收机的输入灵敏度。上述两个特征的日常类比可以认为是发射功率与你能够喊出多大的语音有关,而接收灵敏度则是你的收听质量到底有多好。为了能够支持更大范围的交谈,重要的是保证链路预算在每个方向上都要同样好。接收灵敏度和发射功率通常标注在收发机芯片的 RF 引脚上(或者分别位于发射机和接收机包装上)。为了到达外部世界,这些引脚需要连接到天线上。其标注的功率不可能是从天线发出的功率。

为了保证发射机发出的能量尽可能多地到达天线而不是被反射回来和丢失了,RF 组件被设计为具有 50 Ω 的阻抗,以便通过每个电路元件可以获得完美的匹配。不幸的是,制造公差意味着它们并不完美。在千兆频率上,电磁波的波长仅仅是几十厘米,这与印刷电路板处于相同的数量级,并且其轨迹开始表现得更像组件而非电线。将这些结合起来就给人一种这样的情况,即匹配不理想。为了纠正这一点,设计师使用匹配网络,其通常包括电容器、电阻器和电感器,并被用来试图恢复完美的匹配。

这些组件不可避免地导致一些信号的丢失,因为这些组件具有会使得一些信号丢失的插入损耗。这是一种"吃进"一些信号的有效的阻抗。理想的组件不会有插入损耗,而实际的组件所消耗的这一项是从 0.5 dB 到几个 dB。如果单个天线在接收机和发射机之间共享,上述设计需要一个 RF 开关,该开关也会在发射和接收链中"吃进"更多的链路预算。在大多数的设计中,不完美的匹配还会导致一定比例的信号从天线处发生反射或者反射回到该天线。其结果就是,从天线发射出的功率几乎总是少于从芯片中产生出的功率(图 2.3)。

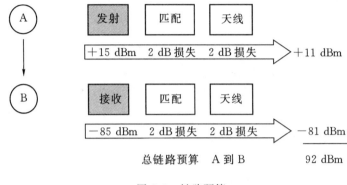

图 2.3 链路预算

无线电台的发射功率和接收灵敏度采用对数分贝标度来定义,即

$$功率(dB) = log10 \frac{功率1}{功率2}$$

大多数量度都采用 dBm 表示,这是与 1 mW 参考值相比较所得的测量功率。表 2.1 给出了针对短程无线设备的共同的层次。

表 2.1 共同的 dBm 值

功率(mW)	dBm
0.1	-10
1	0
4	6
10	10
100	20
1000(1 W)	30

对于天线来说,这一功率比例指的是天线的增益。天线具有增益,而就小型陶瓷或印刷电路天线来说,其会产生损耗。这就需要加入关于链路预算的计算,因为它影响着离开或进入无线电芯片的信号量。对于定向天线来说,这些值可以是链路预算的主要部分。

根据天线的方向特性会使用一些不同的单元。最普通的即为 dBi,该量指的是各项同性增益,假定其在各个方向上都相等。不太常用的是 dBd,该量是通过将天线增益与半波偶极子的增益相比较而得到的。

监管者更倾向于使用一个被称为等效全向辐射功率(equivalent isotropically radiated power,EIRP)的数值,如果一台设备使用理想的各向同性天线时,该数值即为该设备辐射的功率的量。这是以 1 mW 输出的理想的各向同性天线作为参考的。在美国,EIRP 在 2.4 GHz 频带中允许上升到 30 dBm。在世界的其他地方,EIRP 通常被限制在+20 dBm,而在一些国家为+10 dBm。

无线电台也给定相应的级别,其规定了发射功率的范围。最常见的蓝牙无线电台,其级别的规定在表 2.2 中给出。

表 2.2　蓝牙输出类别

类别	最大发射功率(mW)	最大发射功率(dBm)
1	100	20
2	4	6
3	1	0

dBm 的最终用途是针对接受灵敏度的,在这里它指的是接收机可以分解出的最小的信号电平。典型的接收灵敏度处于−110 dBm 到−70 dBm 的范围内(表 2.3)。

表 2.3　共同的接收灵敏度

最小检测信号(pW)	dBm
0.01	−110
0.1	−100
1	−90
10	−80
100	−70

随着这些术语被整理出来,我们可以回头来看链路预算了。

在很多情况下链路是不对称的。由一台中央设备连接到较低功率的外设设备是并不罕见的。根据无线协议我们讨论采用握手机制,其控制消息或数据在两个方向上的传送,而链路预算的计算需要在两个方向上进行(图 2.4)。

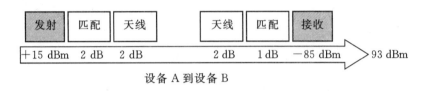

设备 A 到设备 B

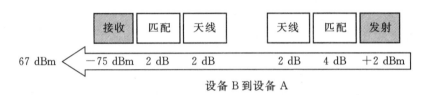

设备 B 到设备 A

图 2.4　链路预算的非对称性

如果两个方向上的计算值不一样,较低的那个数值将成为连接的限制因素。

最重要的一点是,上述情况说明了只增加链路一侧的功率或灵敏度不会带来实际的好处。如果一个单元的输出功率和接收灵敏度都得到提高,则其链路预算将获得改善。如果仅是输出功率得到提高,则采用合理的成本将是不可能的。

覆盖范围可以通过采用方向性天线而得到显著改善,并且大多数标准已经做出了在数公里外实现连接的演示[1-3]。

上述这些不应该与通用的测量范围混淆,该测量范围应该是由本质上为全向的天线做出的。增加方向性是依赖于实际应用的决定,并且其仅适用于那些天线可以被固定在已知方向上的情况。这种应用可能被固定设备接受,但是不可能被天线方向不断变化或未知的移动设备所接受。通过执行你所期望使用的天线的测试,你将只能得到做比较的基础。

可以确知的是,链路预算允许设计师开始了解系统的覆盖范围。链路预算可以与多个不同的理论模型一起使用以预测工作范围。一般的经验法则是增加 12 dB 链路预算将导致覆盖范围增加一倍。然而，在实际中，本地环境将对覆盖范围施加很大的影响。尽管如此，链路预算仍然是对系统如何运行的最好指示，并且是对无线链中每一点处进行组件更换的效果的宝贵指示，它还是针对非对称无线电链路的很好指示。

2.3.1.2　其他影响覆盖范围的因素

执行极端范围的演示通常需要诉诸定向天线。追逐这条路线的设计师应该知道，增加输出功率或者使用定向天线可能会使得该无线解决方案脱离特定国家所允许的限制范围。作为一般规则，设计师推出的某个无线技术的限制越多，它就越不可能在大多数国家合法使用。

一些其他技术也可能被标准设计师使用以调整覆盖范围。其中一个确定覆盖范围的因素是无线电信号的编码以及如何保护数据。由于覆盖范围是这样一个点的度量，即在该点坏的与好的数据包之间的比例变得不可接受，则增加数据包可以被修复的机会能给链路预算带来真正的改善。这样做没有扩大覆盖范围，但是提高了吞吐量，这是因为无线电台接近了其覆盖范围的极端情况。增加数据包的前向纠错可以等效地增加 3 dB 到 6 dB 之间的链路预算，如图 2.5 所示。类似的效果可以在重试同步（音频）链路时观察到。

如果需要更大的覆盖范围，则需要有用于试图改善链路预算的替代方案。一种安装方法是可以使用中继器或路由器去增加数据包从发送机到接收机的传送步骤。这是网格标准如 ZigBee 的固有内容。它也可以由骨干网中的路由选择所提供，这种方案可能是无线的，也有可能不是无线的。然而，使用路由器或中继器对改善无线实现中的基本节点间范围没有帮助。

无线标准设计师也可以通过决定无线电台中的"码片速率"来影响标准的覆盖范围。当一个标准被设计时，标准架构师有两个关键 RF 参数需要处理：每秒传输的符号数量（针对 2.4 GHz 无

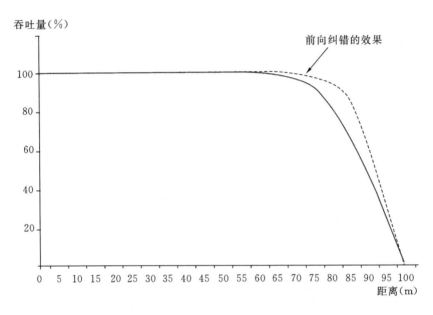

吞吐量(%)

前向纠错的效果

距离(m)

图 2.5　前向纠错对覆盖范围所产生的效果

线电台的典型值是大约一百万)和最大数据吞吐量。上述这些的
比率是一个表示有多少符号被用来传输每个数据比特的量度,并
且其被称为码片速率,或是码片频率。被用于每个数据比特的符
号越多,接收机就越容易从背景噪声中分离出信号。其结果就是
可以生产出更灵敏的接收机,因此链路预算会增加。与往常一
样,没有什么是免费的,而且在这里价格需求是更低的吞吐量,或
者如果符号速率提高的话,会是更高的功率消耗。通过增加发射
机的调制指数可以实现类似的效果。这些都是二阶效应并且由
标准指定和设置。设计师不能影响它们,但是在对比不同标准时
理解它们是很有用的。

　　在一定地域内,设计师可能有一定的能力使用多根天线来扩
大覆盖范围。一些无线电芯片允许其被多个接收机使用,并自动
选择具有更强信号的接收机。这一技术可正式用于实施多输入
和输出流(multiple input and output streams,MIMO)的 802.11n。

2.3.2 吞吐量

正如我们所看到的,吞吐量随着覆盖范围的增加和 BER 的上升而下降。对于那些支持面向连接的数据的标准来说,这会通过基带试图优化支持不同编码方案的链路这一行为而进一步复杂化。

为了得到最高的吞吐量,无线标准尝试将超过一个比特的信息填入每一个传输比特。蓝牙和 Wi-Fi 都进行这一操作,而我们将会分别在各个章中涵盖这些技术的更多细节。它们通过选择链路质量支持的最复杂的编码方案来最大化吞吐量。随着链路质量下降,它们会自动下调到具有更低激进性的编码方案直到它们构建了可靠的链路。

相当明显的是更激进的编码,即更多的数据被填入每个比特,将会更容易受到噪声影响,因此最高的数据速率通常会对应最小的覆盖范围。编码是一个非线性的阶梯函数,因此用于最终产生覆盖范围相对于吞吐量平面图的重新谈判方案是远离直观认知的。图 2.6 给出了一个针对 802.11 g 链路的点吞吐量图形的例子。以下事实造成了该吞吐量的复杂化,即彼此远离的两台设备可以动态协商多个根本不同的编码方案,而每一个方案都具有针对 BER 的不同的敏感性(吞吐量通常由比特每秒,或者针对更快的无线电标准的兆比特每秒来度量)。

设计师不能访问那些可以选择基带决定改变编码方案时所在点的算法。除此之外,不同的芯片集可能采用显著不同的算法。如果你正在部署的只是无线解决方案的一端,意识到这一点是很重要的。这些协议可能是互通的,但是即使设备都具有相同的覆盖范围,其吞吐量可能与你所期望的结果也有所不同。设计师可能能够影响上述效果的唯一一点是,芯片或模块在何处允许它们限制编码方案以使得设计能够应用。然而,这可能会影响互通性,因为会出现这样的情况,即链路的另一端将拒绝与无法容纳所有可能数据速率的设备建立连接。

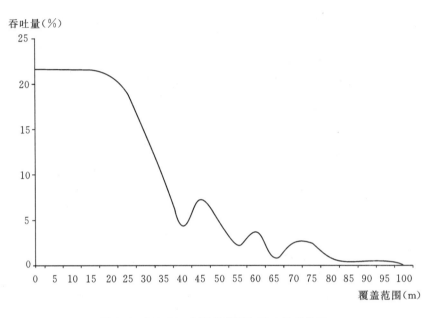

吞吐量(%)

覆盖范围(m)

图 2.6　802.11g 中覆盖范围与吞吐量的关系

我们需要记住有关覆盖范围和吞吐量的重要一点是,其设计的能够很好工作的无线解决方案处于应用所需的性能包络中。总会存在这样的位置,在这里所部署的应用的性能明显差于测试基站,因此一定要确保开销充足。但是正如我们将要看到的,这会引入其他的折衷问题。

2.3.3　干扰和共存

短距离无线系统总是在测试实验室中工作得很好。在实际的世界中它们需要应对这样的局面,即它们需要与其他无线电台共享频谱。频谱是有限的资源,并且非授权频带被监管以尝试并确保各种不同的设备有一个共存的好机会。话虽如此,当制定规则的时候,监管者可能不知道有如此多的设备将被出售并将尝试使用该频谱。

频谱对许多电子设计师来说并不是直观的东西,它们是伴随着一切都会进化得更快的摩尔定律而成长的。相对地,频谱更适合被看做一个道路网。当有少数交通工具存在时,它们可以按照它们的最高速度行驶。一旦交通工具的数量上升,整体的交通速度就会下降,并且如果其体积进一步增加,或者出现事故,则整个系统会陷入停顿。将无线设备比做交通工具是很合适的,而事故可以被认为与不同设备之间的干扰相类似。

如果两个在彼此覆盖范围内的无线电台都在相同时间和相同频率上传输,这会导致到达各自接收机的信号发生干扰并且其很可能是损坏的。使用可靠数据链路的无线电台将不会得到接收确认信息,因此它们将尝试重传该数据。不同的无线电标准采用不同的技术来尝试并确保它们在重传过程中不会彼此冲突,但是即使接下来的传输是不重叠的和成功的,它仍然意味着吞吐量将会因为重传而降低。并且如果上述情况在一定条件下开始发生,其将很可能重复地发生。

不同标准的设计师已经增加了一些特征来应对上述干扰,但是在大多数情况下,那些特征的主要目标在于找到减轻使用相同标准的其他无线电台所产生干扰的方法。在存在若干运行于彼此覆盖范围内的不同无线电标准的情况下该问题会成倍增加,这是因为它们各自的抑制方案会在违背它们意图的情况下工作,这样会使形式变得更糟。

为了理解这一点,我们需要观察不同无线电台使用 2.4 GHz 频谱的方式。在本章中我们将只比较蓝牙和 802.11,这是因为它们采用完全不同的方式去使用频谱。它们也都支持可以消耗很多频谱的流媒体应用。相对地,虽然低功耗蓝牙和 ZigBee 可能遭受更激进的无线电台传输的影响,但是它们通常很少传输,并且不会造成干扰问题。

每个标准都规定了其传输中的频谱屏蔽,它是在每一条传输信道内部和周围关于输出功率的一系列限制。这些规定的目的是满足全球监管制度以及低成本无线电台的实际性能的需要。在理想世界中,无线电台的传输在其信道的范围之外将减少到零。真实无线电台的实现不会如此理想,它们在信道中心提供了峰值输出,而该功率随后在信道的每一边逐步地降低。显然,重要的是该功率要尽可能快地降低,这样就不会对工作在相邻信道的无线电台产生干扰。但是要做到这一点,需要有精心的无线电台设计和复杂的滤波器,而这些是很昂贵的。其结果就是,每一个标准都规定了一系列其本身必须遵守的以及无线电台所支持的务实的限制。除了不干扰相邻频道的无线电台这一问题之外,对分配给其他应用需求的频带的两端通常还有更严格的要求。为了帮助它们进行彼此的保护,大多数标准将允许使用的频谱的每一端都纳入了保护频带,虽然它们处于允许使用的非授权频带内,但是它们被空出以保证传输不会超越频带边沿。

回过头来看功率输出的特点,无线电发射机存在杂散发射,即传输超出了它们的信道。一般来说,无线电台使用的编码方案越复杂(其通常对应于更高的数据速率),当你接近信道边沿时会存在更多的杂散发射。这意味着"更快的"无线电台是设计师面临的最大问题。如果需要高的输出功率,则广泛使用的滤波器很可能是必要的。

在 2.4 GHz 频带的条件下,世界的大多数地方都存在用于限制频带顶部杂散发射的严格要求,这是因为频谱的下一个用户是采用特别敏感的接收机提取微弱的卫星信号的卫星通信。为了找到问题出现的地方,我们需要观察不同标准使用频谱的方式。

802.11 无线电台在一组频率上传输,并伴随着 22 MHz 的带宽(图 2.7)。2.4 GHz 频带被划分为间隔 5 MHz 的 14 个信道,并且依赖于它们被部署的国家,而无线电台被允许在这些信道的一部分或全部信道中运行。

在 802.15.4 中,ZigBee 所使用的无线电台采用了类似的方案,但是其使用窄得多的信道,每条信道仅有 2 MHz 宽,彼此间隔 5 MHz(图 2.8)。

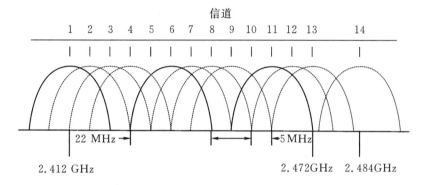

图 2.7 802.11b 和 802.11g 的频谱使用

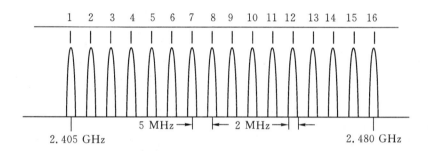

图 2.8 802.15.4 和 ZigBee 中的频带

蓝牙采用了一个不同的方案,即采用跳频技术,并将相同的频谱划分成每个宽度为 1 MHz 的 79 个信道(图 2.9)。无线电台以每秒 1600 次的频度在彼此同步的信道间跳跃。实行跳频的理由是,如果蓝牙无线电台遭受干扰并且其数据包丢失,它将在一个不同的频率上重复该传输,而在该频率上会存在一个无干扰传输的好机会。然而,跳频意味着各设备需要有一个共同的时间概念。这暗示了每台设备必须具有精确的时钟,而这会影响成本和功率消耗。

跳频是抑制干扰的有效方法(并且其可以非常安全地避免窃听),但是它会使蓝牙成为一个坏邻居。为了缓解这种情况,也为

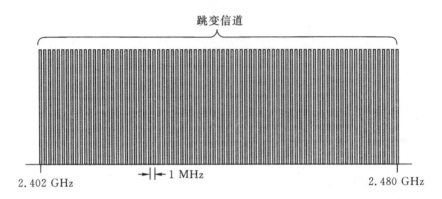

图 2.9 蓝牙中的频谱使用

了提高跳频的性能,从版本 1.2 起蓝牙标准的各个版本都已经执
行了一种被称为自适应跳频(adaptive frequency hopping,AFH)
的改进跳频方案。自适应跳频通过扫描频谱并寻找目前正在使
用的信道这一过程来实行。当这些信道被发现后,无线电台改变
它们的跳频序列以避免使用这些信道(图 2.10)。这有利于跳频
器,因为这样跳频器就不太可能在另一个无线电台也在使用的信
道中进行传输。这也有利于那些位于单一信道的无线电台,例如
802.11 和 ZigBee,这是因为蓝牙避免了在那些它们正在运行的信

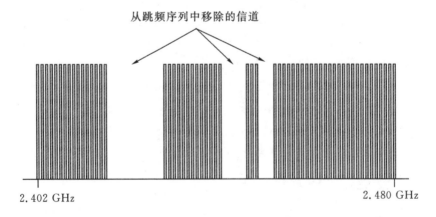

图 2.10 采用自适应跳频(AFH)

道中进行传输。无线电台之间的干扰通常是不协调的,即无线电台没有其他无线电台计划所做事情的真正知识。除了采用自适应跳频之外它们没有什么别的方法去降低干扰的机会。还存在一种被称为主机托管的特殊情况,其中两个不同的无线电台采用相同的设备来运行。在这种情况下,两个无线基带有可能彼此通信以调度它们的传输,从而最小化它们的相互干扰。我们将在第 4 章中观察到这种情况,我们将看到蓝牙版本 3.0 标准是如何利用蓝牙和 802.11 应对该情况的。

除了无线电台之间的干扰之外,无线电信号的反射也可能引发问题,这就是我们所熟知的多径衰落。

2.3.3.1 多径衰落

虽然仿真能够使我们理解与其他无线电台和周围环境的干扰问题,但是只存在一个确定的测试,就是在它的实际位置的尝试。现实生活中有一个习惯是混淆最好的无线电设计,无论是由于自然的效果,例如海水,还是由于认为金属包层的墙壁看起来更吸引人的内饰设计师。

这些真实世界的影响表现为多径衰落的形式,或者称为路径损耗。多径衰落的发生是因为环境中的反射元素导致了接收机与发射机之间众多不同的信号路径(图 2.11)。当反射信号开始

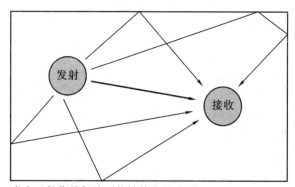

多个反射信号仍然可能被接收机收听。

图 2.11 多径衰落

成为主要信号的重要部分时,相长或相消干涉将发生。相消干涉将增加 BER,减小链路预算和覆盖范围。对于在 2.4 GHz 频带中的窄带信号来说,路径损耗可以高达 30 dB。

对于无线电设计师来说,最好的方法是了解这类问题,然后试图确保该设计在其最大覆盖范围内运行良好,以便大量空间能够存在。

跳频无线电台往往具有更多的多径衰落抗性,因为不同频率的路径长度有差异,这就给它们带来了最终获得数据通过这一结果的更好机会。

2.3.4 拓扑

电缆的拓扑只延伸至它们能够连接到的不同类型的集线器和交换机。相反地,无线网络允许各种不同设备之间的无形连接,在某些情况下这些连接是同时存在的。设备之间被允许进行连接的方式被称为网络拓扑。

尽管拓扑是无线标准的主要差别之一,它还是在选择无线电标准时经常被忽略掉。只要我们摆脱电缆,拓扑就会显得重要。电缆有一些我们倾向于遗忘的固有能力,因为它们十分明显。其中之一是与电缆关联的插头和插座确切地规定了它们究竟连接哪两个产品。另外一个能力就是该连接往往是安全的,因为针对电缆的物理接入通常被它所在的位置所限制。无线电台除去了这些优势,因此必须努力工作以试图对它们进行复制或加以改进。

在观察无线协议怎样应对关联——即它们连接彼此所凭借的过程之前,我们将看到一旦我们采取行动去除电缆后,那些可能出现拓扑的演进。

首先,最直接的和应用最广泛的拓扑是简单的电缆更换,该方法也被称为特定拓扑(图 2.12)。这是对电缆的精确模拟,但是移除了电线带来的物理约束。所有的无线标准都可以执行它,主要区别是它们的通过速度。

点到点（取代电缆）

图 2.12　拓扑——点到点

其次，让我们转到点到多点拓扑或微微网（图 2.13）。其中一台设备扮演了主机或中央设备的角色，并与若干个其他设备相连接。这也就是我们都已知的星形网络。该主机能够利用广播消息向所有的其他设备同时传输，或者更通常地，利用时隙轮流与每个外围设备进行个别地交谈。不同标准允许在微微网中存在不同数量的并发的活跃连接，它们可能还允许你为不同连接指定服务质量的水平。

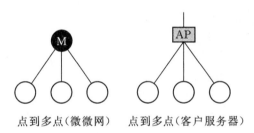

点到多点（微微网）　点到多点（客户服务器）

图 2.13　拓扑——点到多点

广播是一种模式的给定术语，在该模式中相同的消息被发送到所有其他的设备上。广播消息通常是不需要应答的，因为存在这种可能，即来自多个设备的同时应答将造成彼此的干扰。可以将广播想象成时钟的响声或者某人的喊声"着火了！"到一个特定接收机的定向传输被称为单播传输。

伴随着实际的实现，物理约束开始迅速发挥作用。在每个标准中连接的最大数目由本地地址字段的大小来确定，如表 2.4 所示。

表 2.4　每个主机或节点的最大连接数目

蓝牙	802.11	802.15.4	低功耗蓝牙
7	255	20	20 亿

在实际中,上述问题存在限制,即这些数字很难达到甚至是接近。除了广播模式之外,连接会随着各个节点一个接一个地寻址而需要进行时间复用。增加连接设备数量的第一个限制是内存需要保存有针对多个连接的所有寻址和连接信息。第二个限制是带宽在设备之间共享,因此各个数据吞吐量会很快地偏离标题图。如果有超过数十个连接被建立,针对每个连接的各自的数据速率会暴跌至数千字节每秒。这对只需要每隔几秒钟发送一个阅读信息的传感器网络来说可能不是问题,但是对大多数其他的应用来说是不适当的。

这些现实的考虑通常将每个节点的连接数限制为最大可能值的一小部分。对低成本、单芯片实现来说,它通常是低于广告值的,并且可以降低到蓝牙的 3 倍和其他标准的 10 倍。增加连接的数量总是需要主节点内额外的处理器和内存容量。

虽然拓扑相同,但我认为客户端服务器可以作为微微网或星形网络拓扑的独特形式,因为它暗示了中央单元作为一个接入点用来提供到另一个网络的连接。另一个做这种区分的理由是客户端服务器和微微网配置之间的安全性和关联管理通常是不同的。

这就使得 802.11 可以如此成功地架构;其中的一个接入点允许多个客户端连接到一个单独的网络中。802.11 也可以在Ad-Hoc 模式下运行,其与图 2.13 中所示的微微网具有相同的形式,但它作为标准还没有很好地被开发,并且目前也不被 Wi-Fi 联盟所接受而成为 Wi-Fi 标准的一部分。Wi-Fi 联盟已经宣布了一个支持 Ad-Hoc 连接的新标准,称为 Wi-Fi 直连,该标准应该可以在 2010 年下半年使用。

微微网的一个限制是从站只能作为从站使用,它只能和它的主设备通信。如果想要与其他设备交谈，它必须从第一个网络中移除并与第二个网络建立单独的连接。如果从站节点被赋予了直接同彼此交谈的能力，则拓扑就会发展成为簇状网络（图2.14）。簇状网络具有的优势是其主站可以移除一定的工作量，因为信息交互不再需要通过它了。然而，主站需要将簇节点中路由表的设置放在首位，这通常会增加它的复杂度。簇还需要从站节点具有更多智能，以便为传入的消息管理其意识状态。簇在通常情况下不能被自身所发现，它们是迈向全网格网络的一个重要的概念上的步骤（q. v.）。

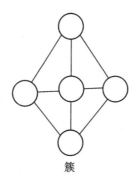

簇

图 2.14　拓扑——簇状网络

复杂度的下一个层次来自散射网（图 2.15）。这是微微网的一个扩展，但是其允许一个从站或者外部设备同时连接两个（或者潜在的更多）网络。其拓扑很少被使用，它存在于蓝牙标准中，

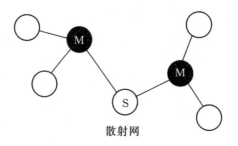

散射网

图 2.15　拓扑——散射网

但在很大程度上仍然处于学术研究阶段。它含有以下限制,即虽然一台设备可能是多个网络的组成部分,但是该设备每个时刻通常只能在一个网络中运行——其不能作为两个网络之间的桥梁。为实现这一目标,我们需要将其移动到树或者分层网络(图 2.16)。

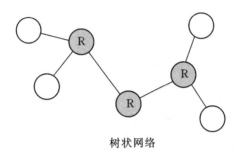

树状网络

图 2.16 拓扑——树状或分层网络

初看之下,树状网络与散射网完全相同。它们的差异是树状网络的骨干节点具有路由功能,而散射网中的连接节点只能共享数据。这意味着树内连接到骨干节点的任意节点都可以向另外的任意一个节点传送数据。随着网络变得更复杂,形成主要支柱的节点需要不断增长的内存和处理功率以管理数据包的路由选择。因此,虽然树状网络(以及它们的"老大哥"——网格状网络)常常用于低功耗的传感器网络,路由节点仍然需要大量的功率供给。在这些网络中,通常有一个被称为协调器的节点,其负责配置整个网络。树状网络可以加入到簇状网络中,这有助于将一些本地处理从路由节点中移除。这些网络被称为簇树网络,其将我们带向了最终的网格状网络的拓扑。

复杂度的最高端即为网格状网络(图 2.17),其中各个节点如果都处于它们的无线覆盖范围内,或者通过选择替代路由就可以直接进行彼此的交谈。鉴于树状网络使用单一的骨干节点作为簇间路由,网格允许多路路由遍布网络。这增加了网络的冗余度,并允许维持相应的通信量,即使一些节点或者节点间的链路已经损坏。ZigBee 是当前唯一的一种提供这种拓扑的无线标准。

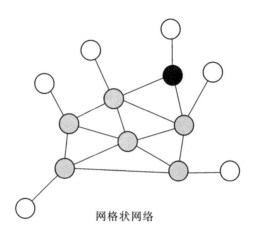

网格状网络

图 2.17　拓扑——网格状网络

一般来说,拓扑越复杂,支持它的技术就越复杂,并且其安装和调试也会越复杂。对于无线来说,最好是采用能满足需要的最简单的选择方案,并考虑到未来的扩展要求。很明显,这可以由其他因素,例如覆盖范围、鲁棒性和速度来调节,但是其增益很小,而且选择符合其自身目的的复杂度往往会失去很多增益。

2.3.5　安全性——认证和加密

如上所述,电缆在安全性方面具有优势。你了解它们相连的方式并且通过它们进行传递的数据很少有机会发生干扰,而对无线来说则是一个完全不同的情况。

通过无线链路连接的设备需要确认它们连接到了正确的设备上。因为任何具有合适的接收机的对象都可以收听到无线对话,它们还需要对它们的数据进行加密,以便截获该数据的窃听者不能对其进行解码。以上两个过程就是我们所知的认证和加密。

破解无线安全性是一个能使研究者成名的流行的研究目标。它们提供无线标准中关于安全性水平的良好测试,并且大多数标准都获得了这样一个结果,即通过艰难的学习而认识到实现安全性并不容易。蓝牙和 Wi-Fi 已经较先前缺乏安全性的版本演进出了更复杂的安全性方案。其他具有较少市场份额或较少消费市场曝光度的标准不会受到黑客社区的太多关注,并且还需要重新评估其实现。随着新的破解安全性程序的手段的发展,它们很有可能将进一步释放其增强性功能。

本书涵盖的每一个标准都有一个针对安全性的可靠方法。如果你实施了最新推荐的规范,你的产品就应该是安全的。对于那些想要进一步钻研该领域的人来说,下一章将挖掘已经采取安全性措施的不同方法的细节。

2.3.6 功率消耗

许多无线产品都具有移动性,这暗示它们的运行依靠电池。许多静态产品,例如电灯开关和电能仪表都要求免费维护并需要一个可以运行几年或几十年的小电池。由于无线电台、传感器和应用处理器需要的功率更低,这些设备将被加入只需要相当低的功率的新一代的产品中,这些产品将采用回收能源策略。从以上内容可以看出,最小化无线链路的功率消耗是很关键的。

清楚低功率无线电台和低功率应用的区别是很重要的。这两者之间经常发生混淆。低功率无线电台能够在空间中有效发送数据。它包括功率管理方案,以保证无线电台只要有可能就可以保持在深度睡眠模式中。

低功率应用包含整台设备。不仅电路的其余部分需要低功率,而且该应用需要限制在设备之间发送的数据量。无论多么聪明的无线电台设计,它都要求采用有限量的能量通过无线链路传输数据。如果有过多的数据正在传输,则不论无线电台设计得怎样好,电池的寿命都无法支持该应用需求。

正如我们通过覆盖范围和吞吐量的讨论所看到的,功率消耗随着覆盖范围和吞吐量的下降而减小。在编码方案和能量效率之间存在复杂的关系。随着更多的比特被压缩到每个数据包,处理需求增长了,但是链路的 BER 也增长了,因此虽然需要更少数据包的更高的编码速率可能在技术上更有效,但是这可能被为了保持可靠传输而需要的更高的发射功率所抵消。由于上述情况总是处于无线环境中,因此不存在简单的折衷。对于高吞吐量应用来说其寿命更难保证,这是因为每个信息比特在空间中传输时都需要相应的能量。在这里,UWB 给出了显著降低功率消耗的承诺,但是它仍然处于开发的初期阶段。目前尚不清楚全球 UWB 标准何时将会建立起来。

大多数低功率或超低功率应用是处于传感器的中心,这些传感器只需要传达它们的状态间歇即可。它可能会作为定时的基础,或作为某一事件的结果,因为这是一种伴有下降报警器或自动调温器的情况,一组不同的因素会在这里发挥作用。其电池寿命依赖于占空比以及无线电台可以从睡眠状态转移到执行无线交互状态然后再返回睡眠状态的速度,而不关注传输信息的每比特能量。

这是一个被许多 802.15.4 无线电基础标准所解决的使用案例,例如 ZigBee 和低功耗蓝牙。也有大量的专利和行业标准执行极端优化方案以解决最低的功率需求,这些专利和标准包括 ANT[4]、Z-Wave[5] 和易能森联盟[6]。

在这个超低功率的世界中,存在着两个重要的参数(图 2.18)。第一个是睡眠电流。超低功率传感器将它们寿命的大部分时间用于睡眠,而其醒来是由于外部事件或内部定时器引起的结果。在睡眠状态,它们只需要消耗可以忽略不计的电流,理想情况下不超过供电电源的漏电电流。它们中的大多数处理着只有几个微安的深度睡眠电流。一部分最好的低功率无线电芯片可以靠几百纳安的电流而存活。

第二个参数是设备能够以多快的速度醒来、集合和发送数据包、等待应答(假定协议需要应答),然后恢复到睡眠模式。该时

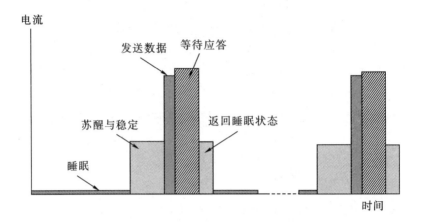

图 2.18 占空比

间的长度主要由指定了需要在无线链路中发送的数据包的数量和大小的标准确定。以超低功率市场为目标的标准致力于最小化不必要的信息交互,并可以给出少于 5 ms 的"启动"总时间。

图 2.18 中有几点需要注意。首先,与通常情况不同的是,对于许多无线电台来说,其在接收模式中的电流消耗要大于其在发射模式中的电流消耗。因此如果传输需要应答,重要的是这一工程要尽可能快地完成,以便接收机不会持续消耗电流。第二点是存在与该设备醒来相关的时间,在此期间,要在设备可以发送之前保持稳定并执行测量。

如果设备需要醒来以收听来自主节点的信标,则时钟精度内部不可避免的不确定性可能意味着设备需要提前数毫秒醒来以确保在信标到来时保持清醒并准备充分。这对功率消耗会产生显著影响。这个问题可以通过使用更精确的时钟来处理,但是这可能事与愿违,因为精确的时钟通常需要更多的功率。

嵌入式应用需要高效运行,否则它会成为主要的电力消耗源。我们可以经常见到传感器的应用需求超过无线连接的需求。最后,节约内存状态和确保设备可以干净利索地进入睡眠模式需要一定的功率。

2.3.7　配置文件和互通性

选择标准的原因常常是为了获得与不同制造商提供的其他产品间的互通性。蓝牙和 Wi-Fi 是很好的例子,其中产品制造商所期待的能与其他设备共同工作的设备已经在市场上出现。

应用层的互通性通常不是核心标准的一部分。该核心标准限制其自身利用连接和传输数据来描述协议。如果某个应用被规定,其通常是通过使用位于核心标准顶端的配置文件或服务类别来实现的。上述内容描述了具体常见的应用行为和强制性需求。蓝牙、ZigBee 和低功耗蓝牙依赖它们为互通性给出基准。Wi-Fi 联盟只有更少的选择,因为它目前只支持将客户端设备连接到接入点的基础设施模式。然而,它仍然包含有关于先进的功率管理、初始设置及与配置文件相似的多媒体的扩展。

无线标准中的配置文件经常被新来者认为是复杂的,因为它们从纯粹的协议定义中分离了出来,并且开始包含应用功能。对于蓝牙和 ZigBee 来说,存在由多个不同的配置文件去解决相似的应用问题而产生的复杂度。如果你想要获得最好的互通性,总是值得通过查看针对蓝牙和 ZigBee 的相关公共认证数据库来找出有哪些配置文件是正在被大的行业所支持的。

配置文件所要做的就是描述行为以使得互通性应用成为可能。通常来说,它规定了基础规范中的哪些特定传输被使用,它们是如何协商并建立的,相关的数据控制信道和命令,查错程序和消息,以及安全性需求。配置文件很少扩展为应用本身,虽然那些针对具有最少用户接口设备(例如耳机)的文件可能这样做。这意味着在大多数情况下,制造商仍然能够在配置文件互通性层次之上区分他们的产品。

2.3.8　语音和延迟(服务质量和同步传输)

无线连接与电缆不同的另一个关键问题是发射端发送数据和另一端接收数据之间存在有限时延。虽然电缆存在很小的传输时延,但是该时延通常为几纳秒并且对于特定的电缆来说是固定的。在无线中时延至少是几个毫秒并且可以达到几秒,这是设计师需要意识到的无线的另一个违反直觉的方面。

延迟是用来衡量时延的值,其对于每个无线标准来说是不同的。它还依赖于具体的实现,并对于不同的硅芯片来说可能发生变化。在第 9 章中,我们将看到它在实际设计中能够怎样地被解决。

尽管如此,语音作为最易受延迟变化影响的应用之一,对于短距离无线通信来说其仍然是最广泛使用的应用之一,并以蓝牙耳机的形式存在。语音在数据链路上施加了一个特定的要求,即链路在进行短距离瞬时传输时必须尽可能地模拟电缆。

因此,语音与数据传输或音频(音乐)传输相比有很大的不同。通常的无线数据传输的开始是以一些数据包将要被丢弃为前提,因此其行为类似 IP 传输,其中数据包可以被应答和重传。对于语音传输来说这将出现问题,因为现场谈话中的时延是明显且非常不受欢迎的人工产物。因此,蓝牙以及其他传输语音标准处理在进行语音传输时不引入显著的数字化处理,但是使用简单的模-数转换以允许"活的"语音传输。

这被称为同步(synchronous,SCO)传输,特定的时隙预留给数据包用于传输,并且其接受这样的规范,即如果一个数据包没有发送,它会被抛弃。在接收机端,当数据包无法出现时,有各种各样的策略可供使用,无论先前数据包的语音内容重复,还是设备可以恢复到"舒适的噪声"或者沉默状态以代替丢失的数据包。更多最新版本的蓝牙已经为同步传输加入了有限数量的数据包重传,这被称作扩展的 SCO(extended SCO)或 eSCO。用这种方式并通过扩展语音链路的有效覆盖范围,可以对嘈杂的 RF 环境产生帮助。

同步信道可以为无线传输提供有保证的服务质量(quality of service,QoS),然而重要的是认识到这一保证涉及数据包被发送的时间,而与其被接收的时间无关。同步信道因此在规定的或有界的延迟处于重要地位的情况下很有用。由于它们通常在已知的时间界限内被发送,因此可以提供用于传输低延迟数据包的一个可靠的方法。

802.15.4 提供了相同的概念,并为其使用超帧的应用方式分配了有保证的时隙(这些不被 ZigBee 所使用)。引入有保证的时隙的一个结果就是每个时隙只给出了标准中最大带宽的一小部分。在 802.15.4 中,7 个保证时隙中的每一个都可以在刚刚超过 13 kbps 的带宽上传输。相较而言,蓝牙 3 个 SCO 时隙中的每一个都具有 64 kbps 的带宽。虽然蓝牙对于语音应用来说是足够的,但不管哪种情况,窄的带宽都意味着它们只能为数据应用提供低的数据速率。

2.3.9　可靠性

大多数无线标准在它们文本的一些地方采用短语"可靠传输"。它应用于数据信道并且指出了含有误差校正应用的数据包,该应用与为含有不正确 CRC 的数据包请求重传的协议有关,以便正确的数据包最终可以被传递到较高层的应用中。

对于几乎所有应用而言,词语"可靠的"是合法的,但是重要的是要记住该短语附带了几个限制条件。第一个是虽然数据将很有可能最终被送到应用层,但是其并没有关于该情况何时发生的任何保证。对于除最坏质量链路以外的其他任意链路来说,它都接近于瞬时。随着链路质量变得更差和更多重传被要求执行,其可能招致显著的时延。如果你的应用需要按时传送数据,则有必要考虑一些不同的策略。其中之一是使用同步信道并且接受一些数据包的丢失。采用更好的无线电台可以改进链路预算并得到更多的可靠传输。或者如果延迟的重要性要少于相关到达时间,可以对该数据进行时间标记并在接收机端按照正确的时间顺序重新排序,这完全依赖于应用要求。

采用语义观察方式,词语"可靠的"在无线环境中不一定是可以预料的。可靠的链路并不是完全可靠,而是在很大程度上取决于用于保护数据包内容的 CRC 的长度。一个 n 比特的 CRC 不能提供完全的保护——它提供了检查数据包是否损坏的方法,但是不能为 $2n$ 种情况中的一种提供保护,即在此情况下损坏的 CRC 恰好匹配需要计算的 CRC。对于 32 比特 CRC 来说,这意味着在 1 Mbps 的连续数据速率中,你能够预测坏的数据包每小时平均出现一次。传输该尺寸文件的应用的开发者会遇到这种问题,并困惑于在什么样的误差表象下其才能被描述为可靠的连接。如果你确实需要在无线环境中传输非常大的文件并要求完全可靠,你应该考虑那些使用长 CRC 的标准,或者加入应用层误差控制。

2.3.10　音频和视频

音频和视频传输已经从语音中分离出来进行考虑了。它们显然需要比随着数据流的不压缩传输(至少是伴随着我们在本书中考虑的无线技术)而达到的数据速率更高的数据速率,因此它们采取发送压缩数据的方法。压缩包括在链路每一端的数据编码和解码,这会增加时延。其结果就是使用同步信道并没有优势,因此编码的音频和视频数据在异步链路上发送。由于市场中存在众多不同的、不兼容的编解码器,其配置文件有标准机构规定,文件中规定了其所支持的编码类型和链路的两端将如何对它们进行协商。这样做的目的是为了给消费者提供至少处于基本层次的互通性。在蓝牙中,这些可以在先进的音频分布文件(advancedaudio distribution profile,A2DP)中找到,而在 Wi-Fi 中,其处于无线多媒体(wireless multimedia,WMM)扩展内。

最常见的编码是使用各种 MPEG 标准——典型的是用于音频的 MPEG2 层 3(MPEG2 layer 3,MP3)和用于视频的 MPEG2 和 MPEG4。所有这些增加了无线链路两端的处理要求,并且也向缓冲区追加了几秒内容的存储要求。其结果就是,其功率消耗显著地高于语音应用。较高的数据速率还导致了相比等效语音链路来说较小的覆盖范围(如上所述)。当使用 MPEG 编解码器时,执行者需要支付相应的授权费用。这可能由正在使用的芯片组或固件所包含,但是最好还是要检查一下。

使用有关于音频传输的无线技术去补充视频信号的设计师应该意识到假唱的问题。由编码的无线音频链路引起的时延通常长到足够引起注意,因此用户在 PC 频幕上观看视频并使用蓝牙或 Wi-Fi 耳机收听该视频的伴奏音乐时将会观察到明显的时延。通常的解决办法是尝试表征该时延,然后利用该信息去补偿显示器上的视频演示。

2.3.11　可用性和调试

不要忘记可用性和调试是无线标准选择的一部分是很重要的。在你已经完成产品设计的时候,将会学到许多关于无线产品如何工作的知识。不要忘记你的消费者是没有这样的机会的。在着手设计你的产品之前,他们的使用及互通性知识都从你那里得来。如果要让消费者知道产品的可用性,你需要将你所了解的知识提炼到用户接口中,并最好将所有的复杂度隐藏起来。

少数控制着他们的无线生态系统所有部分的幸运的制造商可以在工厂中设置产品的匹配对并提供一个准备运行的系统。然而,大多数无线产品被设计成能够与来自不同制造商的潜在的未知数量的产品进行互通。它们需要安装,有时是通过经培训的工程师,但更大多数时候是通过非技术性的消费者。技术的选择、配置文件或应用支持的数量以及用户接口的设计将对产品的成功产生重大的影响。这是一个不容忽视的领域。一些无线产品的制造商已经发现用户退货率占到了产品出货量的 $30\% \sim 40\%$,这是因为他们在后期设计阶段仅仅考虑这一点。

一般来说,拓扑越简单设置无线产品就越容易。易用性的一个经典案例是简单的无线键盘,其中链路的两端在盒子——键盘和 USB 电子狗内提供。它们通过同时在各自一端按下按钮而连接。这种简易性通常只在一个制造商同时供应两端并将它们作为一个匹配对的场合中可用。对于其他应用来说,其需要更复杂的用户接口。

在标准包含连接场景的场合中,正如 Wi-Fi 的保护设置,或者若干 ZigBee 和蓝牙配置文件那样,重要的是保持该连接,而不是试图重新设计它。用户习惯于市场接口的基础水平并且通常支持这些,而不是那些新的、未知的接口。运用标准最新版本的特征也是很重要的。大多数标准机构已经认识到了互通性和可用性的重要,并且每个新的版本都包含了更多的工具,旨在为用户简化对于它们的认识。

最后,不要忘记那些将会出问题的事情。对于很多应用来说,消费者会改变组成他们的无线基础设施的产品中的一个,因为该产品的寿命已尽或是市场上出现了更好的产品。当这种情况发生时,重要的是他们能否不参考已经在数月之前丢失的原始手册,也可以重构剩余的那些产品并将新加入的产品连接其上。

2.4 总结

本章介绍了无线标准的基础参数。其目的是让你可以有根据地提出问题,从而帮助决定使用哪一种标准。通常并不存在明显的选择,往往最好的选择可能并不是脑海中出现的第一个选项。

无线设计的所有内容都是一种折衷。最终选择可能基于技术,它也具有同等的可能是基于你想连接的另一个产品。最重要的是了解性能的不同方面如何彼此相关,以便你可以在最好的性能和最低的成本之间找到折衷。

下一章将关注安全性的更多细节。它会为那些想要了解的人深度挖掘安全性的含义和它所受威胁的真正内容。一旦这些工作完成,我将会在解释你所选择的标准如何获得最佳性能之前轮流观察每一个不同的无线家庭。

2.5 参考文献

[1] Nick Hunn, What's involved in providing a 1 km Bluetooth link? *New Electronics,* (September 2007), www.newelectronics.co.uk/ article/11504/Stretching-Bluetooth.aspx.

[2] Darren Murph, $318 Wi-Fi network bridge connects two locations up to 5 miles apart. *Engadget,* (May 2008), www.engadget. com/2008/05/22/318-wifi-network-bridge-connects-two-locations-up-to-5-miles-ap/.

[3] ZigBit amp module. Meshnetics, (2009), www.meshnetics.com/ zigbee-modules/amp/.

[4] The ANT Alliance, www.thisisant.com/.

[5] The Z-Wave Alliance, www.z-wavealliance.org/modules/ AllianceStart/.

[6] The EnOcean Alliance, www.enocean-alliance.org/.

第 3 章　无线安全

对于习惯隐含了安全假设的有线通信的设计者来说,无线安全听起来可能就些许令人错愕。在有线通信中,两个接口间连接一根线缆传输数据,可以假设没有人会或者能够中断信号。无线的世界则大大不同,一切比有线系统中复杂很多。不仅仅是需要确认互相连接的是正确的目标设备(而且只能是这些设备),而且,无线数据流也很容易被中断,故这也有安全需要。

每一个无线标准从这一点出发,制定规范来试图提供与有线系统可比的安全。大多数至少在其最初的意图上都无法提供足够的安全水准。直到近期,政府仍然对于出口加密技术会使得安全机构难以拦截和破解信息存在一定的偏见。结果是,标准化组织,尤其是美国的标准化组织,对于写入安全规划可能会使得产品无法合法出口并不在意。最近,它们对出口控制有所放松,允许标准获得更高级别的安全。然而,未来的无线设备制造商可能依然需要为它们认为日常的消费设备申请出口执照(参考第 10章中关于出口控制的更多细节)。

在这样的压力下,早期关于无线安全的实现很难完美,而且对于想攻破它们的人来说是很有吸引力的挑战。破解任何新的无线安全协议成为了将其当做提升名望的途径的黑客和学术界的乐事。不幸的是,无论有多么强的学术性,截获无线传输中加密信息的可能性被那些乐于宣扬其尚未触及的标准中的缺陷的记者们津津乐道。Wi-Fi 也已成为他们在这件事上特别成功的目标,不只因为某些容易攻破的最初的安全方案,也因为在 Windows 和 Linux 下很容易得到的黑客工具。正如我们将要看到的,对于标准来说,容易得到黑客工具对于优秀安全性能的演进是很重要的一步。它们的存在并非意味着标准不安全,事实上还常具有相反的意思,这是在通往安全道路上非常重要的步骤。

由于不利的公众宣传,无线网络具有潜在不安全性的观念被广泛传播。蓝牙和 Wi-Fi 已经做了大量工作来升级它们能够提供的安全级别。这些强化手段用以应对广泛的监视和攻击。就在写书此时,对于这两者而言,至少最新标准的实现方案都已没有尚未考虑的严重缺陷。

ZigBee Pro 和低功耗蓝牙因其较低的市场份额而并没有被充分地测试过。两者当前都只有有限的部署,多数都是在嵌入式的应用中。因此,它们尚未成为黑客组织(褒义)集中攻击的目标。所有这些标准都严谨地考虑了安全问题并且从以往的不足中汲取经验,然而,在当它们被数以百万地部署以后其安全性才能得到终极证明。

本书完全无意暗示无线规范的专家们关于安全所做的不够勤勉,但是安全是一个在标准化组者和试图证明标准并不完备的人们之间的一个鸡和蛋的游戏。看起来好像即使如今最棒的安全组织也会在某些方面被攻击。那些并不能使得标准失效——那些使用无线的人恰恰需要意识到这些问题并且据此恰当地进行设计和实现。

3.1　安全攻击

无线安全需要在数个可能的层面上进行考量,每层都有可能被攻击。

3.1.1　发现

在最基本的安全层面上,无线设备可以控制其是否能够被包括无线监控器或者扫描器的其他设备发现。设备明确自身存在的时间越短,其被攻击设备看到的可能性就越小。这在设备间安全刚刚建立起来的初始连接阶段是非常重要的。这一阶段的时间很短,正常情况下仅仅几百毫秒,在设备的生命周期中也仅重复几次,是无线连接最脆弱的时间。

3.1.2 窃听(拦截)

一旦设备在运行,可能使用到跳频、功率控制、扩频等技术,使得拦截正在传输中的包变得很困难。尽管这些在一个标准中无法改变,它们可能影响到在执行某一任务时对标准的选择。显而易见的是,截获数据包的难度越大,传输也应该越安全。

3.1.3 拒绝服务

拒绝服务(DoS)是试图阻止无线端收到某一特定消息的攻击。阻塞是最常见的 DoS 攻击,它是在目标无线端上强加上一个高功率的信号,以阻止它们收到其他传输。所有的无线技术都可能被阻塞,不过其中一些相比其他可能抵抗力更强。尽管拒绝服务攻击可以用于蓄意阻塞无线网络,它也可能发生在若干个未协调的设备在邻近的范围内使用相同频谱传输这样的无恶意的情况下。

拒绝服务也包括了一些更为狡诈的方式,比如一个攻击者用设计好的包轰炸某一无线网络,这些包都被接收设备进行了处理。这种攻击比阻塞更加狡诈。意图可能有两种。简单的攻击是使用在被攻击设备上加载有效数据,使得其超出处理能力,进而引起设备瘫痪。更狡诈的攻击是发射定制的畸形包以期当设备试图解析这些包的时候发生故障。如果这些情况发生了,攻击者可能试图利用故障的方式得到设备的接入权,使得可以渗透到更高层的协议栈。这种攻击在具有通过畸形包就能使设备的安全功能失效的已知缺陷的无线栈实现中很有效。这种形式的攻击在某些早期的蓝牙、802.11 和 802.15.4 的实现中很常见。需要注意到,这种形式的攻击并非由于标准自身的任何缺陷,而是由于在标准的实现中没有正确处理错误的包格式。开发者应该确保他们在其设计中选择的协议栈的稳健性。

3.1.4　中间人攻击、欺骗和蓝牙劫持

中间人攻击是研究人员很有兴趣的一个主题,即其中一个无线设备伪装成一台可信设备,通常在初始化连接阶段,去"接管"连接。为了完成攻击,设备"假装"成一台无线设备可连接的单元,伪装成用户试图发现的类型。一般情况下,中间人设备会执行与初始化设备进行一次连接过程,此后将自己的证书传递给目标单元。第一台设备认为其已经连接到了目标设备,但实际上连接包括两部分,所有的流量都经过了中间的代理。

一旦连接建立,来自每台设备的所有传输的数据都经过拥有解密数据的密钥能够获取数据的中间人节点。如果攻击设备是智能的,它能够重传信号到目标设备,这样一来,链路两端都无法意识到其他人正在监听它们的会话。发送设备唯一能意识到这一切的方法是当中间人离开后它知悉了泄密。在这种情况下,当连接初始化者试图连接目标设备时发现实际上都没有连接建立,因为先前的传输和安全连接都是和消失了的中间人节点建立的。然而此时,重要信息可能已经失窃了。

一种相关的安全问题是欺骗,其中设备假装是一个有效连接。这在 Wi-Fi 网络中最为常见,此时设备模拟成接入点并通过广播一个常用的 SSID(服务集标示——当你扫描接入点时出现的名字)伪装成有效接入点。这多数情况下都是没有安全机制的连接,如在公共热点时的情况。接入点软件会被写得看起来像一个有效热点并要求用户提供其信用卡细节信息以进行登入。至此,它一般会告诉他们的卡被拒绝并重新尝试一个别的卡。更精明的骗子可能利用用户信用将用户连接到有效的互联网接入点上,以期不要引起怀疑。在其他情况下,欺骗性的热点会盗用用户信用卡信息然后卖出。

在称作蓝牙劫持的攻击中,蓝牙会被相似的不想要的连接注意到。就像 Wi-Fi 热点欺骗,它并非是标准中不完备的安全机制的产物,而是为了让应用易于使用而引起的安全标准放宽。它同

样是由于没有意识到用户处在开放的无线连接环境中的事实而造成的。

蓝牙允许设备永久性的可发现,而且设备间的内容传输基于 Ad-Hoc 的点对点方式。很多移动电话用户认为这是蓝牙其中一个最有意思的特性,利用它来共享照片、音乐和铃声。

在运行应用的智能手机上,相同的过程可以用来传输这些应用。很多包含了病毒的应用也已出现,其利用这种能力通过公告蓝牙连接搜索其他电话,并发送自身的拷贝到这些电话。一旦安装,它们会运行恶意程序,允许对电话上的内容未经授权访问,或者打电话到需要支付额外服务费用的号码。

电话生产商试图阻止用这种方式传输的应用的自动安装来避免这种情况发生,他们要求用户确认其是否想要安装这些应用。研究表明,相当比例的用户仍会继续安装这些病毒。在一个例子中,病毒被写入显示以下信息"您是否想要安装此病毒",大约 30% 的用户决定继续安装。一旦安装,病毒会开始扫描其他别的电话并继续感染。

这两个例子说明了一个很大的困境。无线设置使得设备表现出不同于在有线环境中的脆弱性。无线安全本身并不能提防这一切。在保护用户方面,需要在实现上做到良好的用户接口和引导。

在上面两种情形中,有理由认为这并非无线安全的缺陷,而仅仅是利用用户缺乏对无线的理解而制造的一些新型的欺骗的小花招。在没有安全保障的无线连接中,这更容易实现。它显示出了安全的外部困境——加入安全机制使得系统更难以使用,因此在一些例如公共热点的应用中,它是被关闭的。如果它在工作中,多数用户在他们旅行之前会需要注册以获得安全证书,这将给运行商和热点带来不可接受的收入损失。这也很可能会使得它们不再经济,进而消失。

3.1.5 地址跟踪

尽管地址跟踪并非是一个有关网络中数据传输的安全瑕疵,

但其在有意图要隐蔽设备的位置（或者带着设备的人）的情况下仍是令人忧心的问题。它的出现是由于数字设备一般情况下无障碍地传输自己的地址（未加密的），因此普通的传输会交出设备的唯一标示地址。对于短距离无线设备，这仅仅在设备周围几十或者几百米的范围内被检测到。然而，理论上这使得移动设备被跟踪成为可能，只需要在它可能路径的一定范围内放置传感器来扫描其存在。尽管这算是在安全方面有些多虑，还是有一些用户认为这是对个人隐私不可容忍的侵犯。一些标准试图通过私有、可选或者匿名地址的方式来避免这种情况发生。

3.2　安全特性

为应对这些攻击，无线网络使用了很多的标准流程来提供充分级别的安全。如图 3.1 所示。

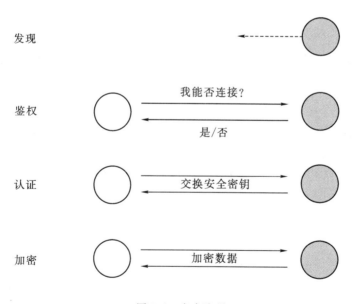

图 3.1　安全流程

3.2.1 鉴权

鉴权是找寻那些想要建立连接的其他设备的过程。其从发现过程开始,此时一台设备直接通报其存在,或者回应正在扫描那些可发现设备的设备。限制设备处在这种状态的时间对安全是很重要的一步,正如理想情况下,设备应该在其已知有连接设备希望连接的情况下,将时长限制在连接建立的时间内。然而如前所见,在一些情况下,Wi-Fi 热点或者移动电话可能希望永久公告其存在而工作在特定的使用模式下。

在有线的世界里情况类似,鉴权可以等价地看做是观察一台设备有一个接口或者插座,然后你可能有一个合适的线缆连接到它。

3.2.2 认证

一旦两台设备在发现彼此后鉴权成功,它们应该初始化认证步骤,以让它们利用某种信息交换方式向彼此证明身份。这是关键的一步,此时设备应该能够确认它们拥有连接到彼此的权利并向对方证明此能力。这是安全特性中协商的开端。典型情况下,这包含建立安全(加密的)连接并且使用它来交换供后续通信使用并激活更高密级的加密密钥。在认证阶段的最后,设备应该为安全通信连接做好了准备。

认证对于无线安全来说是一个至关重要的部分,因为它保障了相互连接的是正确的设备,其可以等价地被看做是在有线时将线缆插入正确的接口。

(注意到,802.11 标准中关于"认证"有着略微不同的意义,详见 5.2.2 节。)

3.2.3 加密

鉴权和认证等价提供了将线缆插入正确的接口的过程。它们对于链路上后续数据的传输并无保护。

尽管有可能在线缆中检测到数据流,但是这是很困难的,并且一般需要进入建筑内部——建筑本身也提供了一层安全保障。因此,在常规的网络设计中,来自传输媒介内的数据窃贼通常不会被认为是一种威胁。无线数据就不同了——它们可以被截获。根据无线的特性,其可能有难易之分,但是可能性总是存在的,并且在很多情况下在使用无线设备的建筑以外就能完成这些。此外,完成这些并不需要专门的设备。因此在无线环境中,通过加密来保护用户的数据不被窃听是很关键的。

所有的标准都通过对传输数据进行加密来应对这一问题。在初始化认证过程中,交换了用以加密后续数据包内容的链路密钥。在接收端,利用这些密钥来解密信息。

应该注意到,包含在无线标准中的加密仅仅涉及无线链路。在接收端解密之后,数据不再受到保护。这一点常常被遗忘掉,进而导致了很多情况下骨干网络上未加密的数据被窃取。如果应用需要端到端的安全,那么实现者必须意识到无线链路并非是无线数据唯一可能被窃取的地方。在这些情况下,应用层面上需要提供额外的保护。

当数据以无线方式经过网络发送到多跳点,需要注意确保端到端安全全程有效。在每一跳基础上实现安全需要密集的处理器功率并且可能造成安全漏洞。

无线标准中的加密技术正常情况下仅涵盖了数据包负荷,包头可能未被加密。开发者不应利用数据负荷以为的空闲域来发送敏感信息,因为其对于任何截获无线流量的人来说都是潜在可见的。

3.2.4 其他特性

尽管标准试图确保初始的鉴权和认证过程是安全的,但它们总是需要在空中接口上发送一定程度上非加密的信息,而这些信息有可能被截获。如果这个问题确实很重要,那么有两种基本选择。第一种是确保没有人能够截获初始化连接过程,可以使连接过程在一个他人无法触及的地方完成来做到,或者监视阻止信号的截获。另一种更具可行性的方法是,利用非无线方法完成此初始化连接。

因此,多数安全方案允许通过其他方法而非无线链路来实现这些初始化过程。这通常被称作"带外"或者 OOB(out-of-band)。

常见的带外认证技术包括:

- 在制造商预编写程序的安全信息和运送设备相互在预配置下工作。
- 在试用时间利用线缆传输安全信息。
- 使用其他的更难以截获的无线技术。常见的例子是 NFC(近场通信)或者光纤连接(例如,条码扫描器)。

使用带外认证在短暂而脆弱的认证阶段为抵御攻击予以额外保护。它也可能为用户简化这一过程。然而,它一般会让产品增加成本并使其互操作性降低,因为使用 OOB 技术可能限制其与使用了相同技术的其他设备的连接。关于具体 OOB 技术的选择当前并无任何无线标准涵盖。

3.3 生成和分发链路密钥

关于无线安全技术已有成熟的著作——这是一个复杂的学科,超出了本书的讨论范围。但在实现一种设计方案时,有一些基本要点需要牢记在心。不同的标准都提供强的加密算法,但是它们都和其使用的链路密钥一样强。为了安全起见,熵值或者生产密钥的随机度是极其重要的。用户生产的密钥越长越复杂越好。使用短的或者预定义的密钥必然会降低安全性。常用的作为蓝牙耳机的"0000"密钥是丢掉你所有保护手段的最简单的例子。除非安全步骤具有生产充分水平加密的内建方法,用户定义的密钥应该至少长度为 8 位,16 位更好,包括数字和字母的字符。

3.4　安全规程的比较

比较每项技术是如何解决不同要素的安全是很有用的。尽管它们使用不同的方法，显然其很相似，也不能指望它们是在试图解决相同的问题。在整个这一节中，我们将考虑最新版本的标准，即蓝牙 4.0、Wi-Fi 保护建立规范 1.0 版、WPA 3.0 版（包括 WPA2）和 ZigBee PRO。设计者应该采用标准的最新安全建议。如果它们与先前发行版不同，那么其通常都有充分的理由——通常的原因是先前的实现方法已经被攻破。

不同标准中的一些方法由于不同的用途和拓扑已经做了演进。例如，蓝牙需要考虑多个 Ad-Hoc 连接，因此其安全架构需要为电池供能的设备服务，只有有限的处理器功率和极少甚至没有用户接口。相比之下，Wi-Fi 服务于连接到静态的通过骨干链路与其他网络相连的接入点的更加复杂的设备。这允许中心半径服务器向设备发行证书，得到更高级别的安全，但也需要更多的处理能力。

ZigBee 利用包含了具有有限处理能力的传感器节点和集中的强大的可信中心的网络将两者的元素结合起来。结合起来的网络标准的复杂性尚未被涵盖，比如基于蓝牙的 802.11。基于此工作的设计者应该查阅相应的标准。

3.4.1　易攻击性

3.4.1.1　蓝牙

相比之下，蓝牙对截获其数据包有一定的免疫力，除非攻击者已知其跳频序列。这是其在 79 条不同信道上快速跳频的结果。尽管信号调制方法相对简单，但如果想有机会检测到每个传输的话，需要有能覆盖所有信道的复杂宽带接收机。标准确保了跳频序列无法在正常的操作下被确定。永久处在可发现或者可连接状态下的设备可能更加易受攻击。

在整个 2.4 GHz 频段上进行拒绝服务攻击会使得蓝牙无法工作。如果阻塞仅仅涵盖了部分频段，自适应跳频会让蓝牙有机会避免到某些或者所有的阻塞频段。

在标准 2.1 版本中引入最新且安全的简化配对技术，提供了很大程度上可以防止中间人攻击问题的认证技术，它通过生成一个高级加密密钥集然后结合一个比较指示给用户，来确认它们连接到的是正确的设备。这项技术应该在所有的新设计中得到使用。

3.4.1.2　Wi-Fi

Wi-Fi 网络和产品倾向于更低的移动性，以较高功率在固定信道上和固定的接入点通信。它们也定期地广播信标信号，所以截获信号是很平常，利用多数基于个人计算机的 Wi-Fi 设备就能够实现。

在 Wi-Fi 的工作信道上进行拒绝服务攻击会使得其无法运行。标准未包含任何使得其从阻塞中恢复的技术。

鉴权在 Wi-Fi 或者 802.11 设备上并不多见，且与具体实现有关。在正常的操作中，接入点使用信标向所有设备公告其存在。某些接入点允许基于连接设备 MAC 地址的接入列表设置。这些能够在网络侧或者被接入点鉴权过的用户完成。应该注意到设备能够伪造 MAC 地址，故而此法也并非万无一失。

Wi-Fi 也要承受在 MAC 层的控制和管理帧并非受到保护的事实。这使得攻击成为可能，攻击利用伪造的分离和取消鉴权包在网络中进行泛洪。

在 MAC 层以上，TCP/IP 栈和在有线网络中使用的本质上是一样的，因此为保障这些层的安全，已经有大量的工作需要做了。

除非启动了安全机制，否则使用 Wi-Fi 时的欺骗就是问题。尽管其可能看起来理所应当启动安全机制，在诸如公共应用热点的例子中，为了可用性还是关闭了它。这些应该避免并且使用最新的 WPA2 来确保安全。注意到，对于 802.11 中的 Ad-Hoc 连接也有安全规范，其相比于 Wi-Fi 联盟开发的来说是更低层面的。

当 Wi-Fi 直连标准完成和出版时这应该得到改正。

更新的 802.11n 标准给予数据包以相当好的保护,因为其使用了复用信号而让它们更加难以截获和解析。

3.4.1.3　ZigBee

在单信道传输方面,ZigBee 和 Wi-Fi 相似。它能够在有干扰的情况下移动信道,但这是一个有些缓慢的过程,并非是快速的动态跳频。然而,间断的传输和相比 Wi-Fi 一般比较低的功率的事实意味着这些传输更难以检测到。后一益处可能在扩展的 mesh 网中被抵消,在其增加的面积上可能容易发生截获。

在 ZigBee PRO 网络使用的信道中的拒绝服务攻击会使得其无法工作。标准包含了可选的频率便捷性使其试图找到一个净化的信道并将网络迁移到该信道上。尽管是可选的,为有意建立稳健的系统还是应该实现这个特性。

ZigBee PRO 在 MAC 层引入了对鉴权和认证包的保护,消除了之前的安全漏洞。其也引入了可信中心的概念,来对所有的连接进行认证。

3.4.1.4　低功耗蓝牙

像蓝牙一样,低功耗蓝牙在整个频带上使用跳频方式,使得其难以检测到很多数据包。尽管跳频序列比较慢,它对于在低功耗时钟周期上间歇传输很有好处,就像 ZigBee 那样。这些特性使得低功耗蓝牙在信息截获问题上很安全。

低功耗蓝牙实现了在基带层面上的白名单功能,其能够设置以拒绝任何未知地址的连接请求。尽管其主要功能是防止宿主控制器被到来的无关数据包唤醒,其也能用于对未经认证的设备提供防护。

低功耗蓝牙允许在三个固定公告信道上传输数据未加密的广播包。这些用于公告消息,比如时间、温度和当地新闻。这应当禁止用于敏感信息收发。

在整个 2.4 GHz 频带上的拒绝服务攻击会使得低功耗蓝牙无法工作。如果仅仅在部分频段上发生阻塞,自适应跳频会让低功耗蓝牙有机会避开某些甚至所有的阻塞频率。低功耗蓝牙对于在其三条公告信道上的协同拒绝服务攻击就无能为力了。不过,由于这些会在整个频段上扩频,任何此类攻击很可能使用全频带阻塞器,这样会使得 2.4 GHz 上所有其他无线标准都被中断。

低功耗蓝牙安全演化自经过完备测试的蓝牙的安全技术。尽管如此,其是一种全新的标准而且早期实现很可能包含漏洞。第一版发行标准未包含安全简单配对,因此在初始连接时应当注意防止中间人攻击。

3.4.1.5　一般情况

先前的章节提供了相关标准中包含的安全机制的讲述。很多安全的失效并非由于标准本身,而是由于不完备和错误的实现。通常发生的原因是当收到无效包时,其行为没有恰当地被定义。因为标准修补了问题并非意味着具体实现就正确地反映了这些变化,或者实现上没有采用其安全漏洞修复。一个常见的问题源是使用栈时发生的溢出或者下溢。鉴于此,应该保障您选择的栈经过了充分的测试并且使相关安全信息保持更新。作为基本规则,已经长时间广泛应用的栈和标准应该更加稳健。

意图更明确的黑客会欺骗无线设备唯一的 MAC 地址,伪装成区域内的其他设备。只要使用了安全机制,这应该不是问题,因为除非拥有正确的链路密钥,否则会被拒绝接入。

除了引入随机地址概念的低功耗蓝牙外的所有无线标准,都很容易被地址跟踪。然而,看起来这并非仅仅是学术界对于任何商业应用上的一种关切。

3.4.2　安全实现

3.4.2.1　蓝牙

蓝牙设备通过一个被称作发现的过程来使得设备知悉彼此的存在。为建立连接,主机设备进入问询扫描模式,期间它在其问询扫描信道上广播问询消息。

根据具体应用,设备会周期性地公告其存在和能力,或者保持不可发现(隐藏)直到被调至一般持续几十秒钟的可发现模式。在此期间,当一个可连接设备正在主动监听,其可以对收到的问询包进行回应。

一旦设备可发现,主机会利用页面扫描信道请求连接。这会在问询扫描阶段中发现的设备的指引下进行并且启动设备间进一步交换信息的过程,其将要决定连接是否建立。

两端的发现过程正常情况下都是手动的,或者来自具有按钮等用户接口的设备上的用户动作,或者是简单地在设备启动时就将其使能。完成过程因具体实现而异。某些应用允许设备调至"永久可发现"模式。这在个人设备上很常见,用户可能想要使用Ad-Hoc 服务。大多数人都没意识到这种选择会影响安全性。

2.1 版本中的安全简单配对和以上使用椭圆 Diffe-Hellmann公钥密码体系在两台设备上生成相当于 93.5 比特信息熵的连接密钥。(这一选择略好于在先前版本的规范中使用的最大 16 比特的数字字母 PIN。)不同于早期版本,加密强度决定于用户键入的PIN 的长度和随机性,在这种方式中每次都能实现完全的加密。

通过建立反馈机制使得用户检查配对的确实是正确的两台设备,中间人攻击得以防止。在具有显示设备的情况下,其形式是两台设备上显示 6 位随机数。如果数字相同,有 $1/10^6$ 的概率发生一次 MITM 攻击,充分安全。对于没有数字显示的设备,可以使用其他比较消息,比如闪光灯。提供给用户的状态越少,供以防止 MITM 攻击需要的区别性就越少。标准也支持数个其他确认技术,包括"工作就行"、带外和万能钥匙项。

3.4.2.2　Wi-Fi

Wi-Fi 无线接入点或者 Ad-Hoc 网络的主机,通过发送包含了其 SSID 的周期信标来公告其存在。通常没有欺骗其存在性的企图,也没有阻止用户无法连接的机制。

当设备发现了 Wi-Fi 无线接入点或者 Ad-Hoc 主机,就会开始认证过程。在 Wi-Fi 的早期版本中,使用了有线等效保密技术

(WEP)。有线等效保密认证使用明确的客户端的文本消息,其被加密并且被返回一个预共享的密钥。然而,通过监听返回的认证帧很容易进行攻击。有线等效加密已经被基于 IEEE 802.11i 建议的认证过程替代,其在一般目的(个人)应用情况下使用预共享的密钥,或者在需求更强的(企业)应用是使用更强的基于端口的认证,需要后端认证服务器。企业认证使用扩展认证协议(EAP-TLS)并且在企业环境中被广泛应用。这确实需要客户设备具有大量的处理能力和存储需求,并且对于低功耗的便携式设备而言可能并不兼容,一般认为这些方法提供了足够强大的认证机制。

第一种加密方法统一使用 WEP,采用 40 比特或 104 比特预共享密钥,其与 24 比特的初始化向量一起生产 64 比特或者 128 比特密钥。由于数目繁多的黑客工具很快就会在网上出现,长度短的初始化向量会更容易被攻破。

Wi-Fi 联盟将 WEP 替换为 Wi-Fi 网络安全接入(WPA),使用 802.11i 安全标准的一部分并将密钥长度增加到了 128 比特。其随后被攻破,引入了今天的 WPA2 的安全方案,应用在个人或者企业中。其基于 IEEE 802.11i 的稳健安全网络,使用 128 比特 ASE 加密,至今其尚未被攻破。

3.4.2.3　ZigBee 鉴权

在 ZigBee PRO 规范发行之前,ZigBee 中的安全很脆弱。PRO 发行版包括了标准和高级别两种安全模式,除非有很好的理由去实现弱的标准安全模式,后者应该得到应用。高级别安全模式使得 ZigBee PRO 在所有无线标准中获得了最安全的方案之一。

认证过程使用椭圆曲线 Menezes-Qu-Vanstone 密钥建立机制(ECMQV)的预共享密钥来完成。需要说明的是,这是一种足够安全的认证方式。作为一种更大程度上的改良,某些 ZigBee 应用配置,尤其是智能能源配置,具有额外的安全特性,包括使用 Matyas-Meyer-Oseas 哈希函数来生成域配置密钥。

尽管有强加密方案,当设计者只在实践中使用普通的 PIN 码来做个人设置时,安全水平就大大降低。

　　ZigBee 协议栈底层的 802.15.4 MAC 中使用了 128 比特的高级加密标准（ASE）来对数据进行加密。这种加密技术被广泛认为是当今最好的一般用途的加密技术。

　　ZigBee PRO 也包括了安全隧道加密等有用特性。这允许数据在 mesh 网络中经过任意数目的节点而在到达目的节点前保持加密。没有这种特性，mesh 网络中的安全就要求在每个节点上都有显著更多的处理能力。

3.4.2.4　低功耗蓝牙

　　低功耗蓝牙定义了安全管理系统以具体的设计来满足当外围设备不具有收集设备一样的处理能力时标准的需求。其被优化以使得存储回复设备的存储需求会小于初始化设备的需求。

　　安全管理是一个三阶段过程，开始于配对，紧接着是短时密钥生产（STK），以传输确定密钥的分发为结束。

　　配对过程有三个可选项，期间设备间交换信息，包括在第二阶段如何进行。三个选项可以使用——"工作就行"、万能钥匙项和带外。传输相关的密钥分发是可选的，但如果需要，必须在加密链路上进行。

　　"工作就行"应该仅用于最简单的设备，很少或者没有安全需求。其在配对过程中不提供对中间人攻击或者窃听的保护。尽管其并不相像，并且后续加密连接可能是安全的，用户将无法知道其配对过程是否收到了损害。

　　万能钥匙项需要键入一个六位数字的万能钥匙确认配对过程。静态万能钥匙是被禁止的。如果一台设备没有用户输入能力，但是有显示屏，则其必须显示用户在其他设备上键入的随机六位数字。

　　与蓝牙不同，低功耗蓝牙在安全链路上使用 128 比特的 AES CCM 加密数据负荷。

3.5 安全测试——黑客工具礼赞

在使用了某一无线标准的设备得到部署几年后,不可避免地会出现一系列的黑客工具。面对它们,一般有两种情绪——害怕(厌恶)或者宽慰。我更喜欢后一种反应,因为一系列的工具甚至来自外部团体的攻击是检验实现以及提供修改错误方法的最好方式。

发行这些工具的团体包括安全专家、栈开发者和学术团体。他们以不同于规范的原始制定者的眼光来探究标准,时常能够找到些没有考虑到的漏洞。经过一两轮标准发行和攻击的循环,安全渐为加强以使得商业应用更加充分。

黑客工具对于设计者也很有用,因其能够用于测试不同供应商的实现稳健性。

多数 Wi-Fi 黑客工具在 Wi-Foo 中能够找到[1],此处也包含了相当数量的蓝牙黑客工具[2]。此网站的作者写了一本很好的关于无线网络弱点的书[3]。ZigBee 黑客工具刚刚开始出现,但是对其开发的热情正逐渐高涨[4]。

3.6 参考文献

[1] Wi-Foo, Recon and attack tools. www.wi-foo.com/index-3.html.

[2] Wi-Foo, Bluetooth security tools. www.wi-foo.com/ViewPagea038.html?siteNodeId=56&languageId=1&contentId=-1

[3] Andrew Vladimirov, Konstantin V. Gavrilenko and Andrei A. Mikhailovsky, *Wi-Foo: The Secrets of Wireless Hacking* (Pearson, 2004).

[4] Joshua Wright, *KillerBee: Practical ZigBee Exploitation Framework* (2009) www.willhackforsushi.com/presentations/toorcon11-wright.pdf.

第4章 蓝 牙

蓝牙[1]诞生于1998年,由爱立信、IBM、因特尔、诺基亚和东芝五个公司组成的产业联盟研发。它是基于爱立信公司早期的MC链路技术而开发的一种无线技术,它的主要目的是为手机和电脑提供一种低功率、可以处理语音和数据的连接。其愿望是寻找一种应用成本低、低功耗、支持语音和高数据传输速率的折中技术。它的数据传输速率设定为1 Mbps,这明显高于当时可用的有线或广域有线连接的速度。

蓝牙的标准自诞生之日起已经过了多次修订,如表4.1所示。

表 4.1 历史蓝牙版本

版本	日期	主要特征
1.0	1999.7.5	草拟版本
1.0a	1999.7.23	第一个出版版本
1.0b	1999.12	修复故障
1.0b+CE	2000.11	临界错误表添加
1.1	2001.2	第一个基础版本及其发展。这个版本由 IEEE 802.12.1—2002 改变得到
1.2	2003.11	包括自适应频跳。添加 eSCO 来得到更好的语音性能。由 802.15.1—2005 修改得到。虽然没有后续版本添加,但离开了 802.15.1 成为独立的规范
2.0+EDR	2004.11	添加增强数据传输速率来提高吞吐到 3.0 Mbps
2.1+EDR	2007.7	添加安全简单配对来提高安全性和易用性
3.0+HS	2009.4	添加 802.11 作为高速信道,提高速率到 10 Mbps,甚至更高
4.0+HS	2009.12	包含蓝牙低功耗

与其他典型的无线标准一样,这些标准越来越成熟稳定。在制订标准时,标准1.2之前的已经过时,任何新的产品必须参考标准1.2及其之后的标准。尽管如此,2.1版本在安全方面进步了一大步,它不仅最小化了传输过程中人为攻击的可能性,同时也提供了简化初始配对过程的工具箱。任何新的设计都应该把这个作为基础版本来实施。

4.1 背景

蓝牙从早期的提供低功耗、短距离无线连接的专有无线技术发展而来,其目的是给移动电话使用。它出现在移动电话正出现两大转变的时期:移动电话开始支持需要连接PC的数据应用和移动电话成为一个大批量的消费项目。这就导致了蓝牙1.0的出现:

- 相对低的功耗;
- 支持头戴设备的语音传输;
- 支持和PC的数据连接;
- 低成本,单芯片。

产品技术开发要着重于建立一个鲁棒性、高效的和最重要的低功耗的标准。那时并没有单芯片的CMOS无线电台,并且相当比例的硅工业界认为它不是物理可实现的,而标准开发者们则试着定义一种在未来几年能大量生产的这种技术。

实施成本是影响语音部分规范的重要因素,因为基于IP的语音用于头戴设备时会功耗更大成本更高。因此,不采用实时的语音传输,我们选择采用简单的数字化标准。

由于爱立信公司和诺基亚公司的加入,蓝牙得益于它们的高水平的RF技术,成为一种高鲁棒性的2.4 G无线标准。它是唯一一种定义有自身射频的2.4 GHz的标准。

蓝牙特别兴趣小组的一个关键成就,就是游说世界各国的监管机构将它们国家的2.4 GH波段标准统一一致。虽然世界范围

内 2.4 GHz 波段可用,但不同国家对可用频谱的调制技术和功耗
约束不同,这使得在世界范围内统一使用一种产品几乎不可能。
特别兴趣小组的控制小组在几乎所有国家推行标准化,使用这一
波段的所有标准受益(法国是一个很典型的例外,它的外部发射
功率限制在 10 mW)。

　　与其他建立在外部标准的无线标准不同,蓝牙特别兴趣小组
制定的标准包括从广播层到应用配制文件层,如图 4.1。

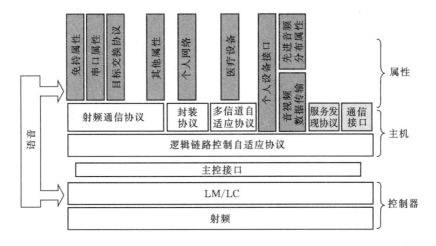

图 4.1　蓝牙数据栈

4.2　广播

　　当蓝牙出现的时候,人们已经明显意识到 2.4 GHz 将会被广
泛应用。为了保证蓝牙技术在将会很拥挤的频带内的鲁棒性,频
跳技术被应用于蓝牙中。这对于支持实时语音业务的标准是十
分重要的,因为很少有机会来重传数据包。

　　在 2.4000~2.4835 GHz 的 ISM 频段内,蓝牙技术将 2.402~
2.480 GHz 的频段分成了 79 条 1 MHz 的信道(保持频带的带宽
最低 2 MHz,最高 3.5 MHz,如图 4.2 所示)。在这 79 条信道中,

蓝牙设备以每秒1600跳的速率按主控设备蓝牙地址制定好的伪随机序列跳变。广播的符号传输率为1 Mbps,而在它的首次连接中,可以提供的最大速率为723 kbps。

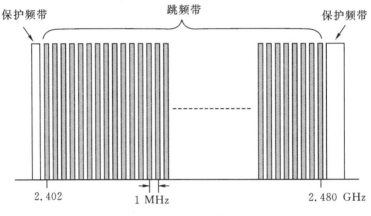

图4.2 蓝牙频谱使用

频跳导致两个设备之间使用时隙来控制通信。假设快速跳变的速率为每秒1600跳或一个时隙625 ns,这就要求所有的设备之间能严格同步。

最基本的标准版本(1.x版本)使用高斯频移键控调制方式,此时无线信号每秒一百万个符号即实际无线传输速率为723 kbps。虽然这与现在的数据传输速率相比有点低,但在蓝牙设计时,在GSM网络中大多数用户的高速电路数据切换的最大数据传输速率为14.4 kbps。

由于要面对不同应用的不同传输距离和功率需求,蓝牙定义了三类不同的广播功率标准,如表4.2所示。

表4.2 蓝牙功率分类

类型	最大功率(dBm)	最大功率(mW)	功率控制
1	20	100	强制
2	6	4	可选
3	0	1	可选

类型 1 的设备采用强制的功率控制并且推荐给其他的类型使用来节省电池寿命。一旦两个设备连接,它们将根据接收强度指示来协商最低最合适的连接功率。一旦接收功率指示下降,设备将要求增大功率。

接收功率强度指示一般作为衡量强度的指示,在实施时采用测量接收信号的质量。在许多情况下,接收功率强度指示没有单位,没有统一的定义。相反,不同的厂商具有不同的数值,通常在 1~100 之间或 0~255 之间。蓝牙不同之处在于它以 dB 为单位测量,这和黄金接收功率范围相反。它在 -128 dB 到 $+127$ dB 之间。虽然它的定义看起来是随机的,但它通常被用在设备内部控制其增益或操作,因此没有必要进行校准操作。

蓝牙规范定义的最大误码率为 0.1%,这相当于最低的接收灵敏度为 -70 dBm。使用这些标准,结合类型 1 和类型 3 的传输功率分别为 0 dBm 和 20 dBm,那么蓝牙设备理论的传输范围为 10~100 m。实际上,现在设备的接收灵敏度很明显会优于基本要求并且它的范围可以远远超出标准要求。对于一个设计良好、采用全方位天线、工作于 4 mW 且开放范围超过 100 m 的设备是完美可行的。

对于 2.0 版本的标准,引入了更高的数据速率,即"增强数据速率"。这增加了两个额外的相移键控机制:π/4 旋转差分编码四元相移键控(π/4-DQPSK)和差分编码八元相移键控(8DPSK),分别将符号率增大到 2 Mbps 和 3 Mbps。增加数据速率添加到基本速率,保证了设备的向下兼容性,如图 4.3 所示。

为了保证向后兼容性,只有有效载荷的数据包会使用 8DPSK。然而,一个基本速率包只包含三个主要部分——接入编码、包头和有效载荷,一个向后兼容数据包添加了一个同步序列和一个连接有效载荷的连接端,并且都使用 8DPSK。同时,在数据包的 GFSK 和 8DPSK 间也引入了一个保护周期。

无线蓝牙并不支持很高的数据速率,因此在 3.0 版本及其以上版本中引入了交替 MAC/PHY(AMP),这使得蓝牙可以与其

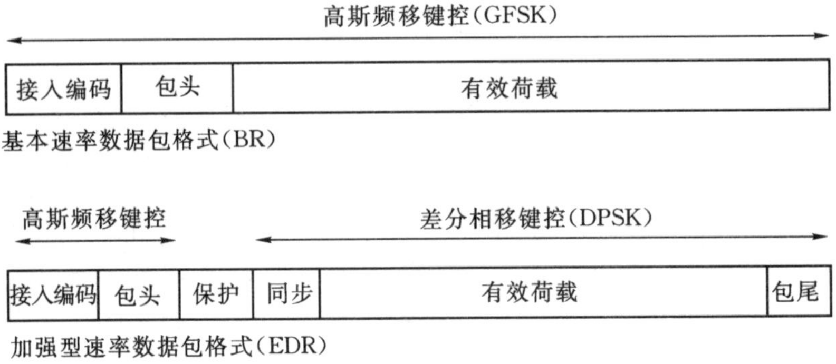

高斯频移键控（GFSK）

接入编码	包头	有效荷载

基本速率数据包格式（BR）

高斯频移键控 差分相移键控（DPSK）

接入编码	包头	保护	同步	有效荷载	包尾

加强型速率数据包格式（EDR）

图 4.3 简单蓝牙包模式

他无线电技术相结合。蓝牙因此可以执行最初的配对和安全设置，然后根据是否需要更高的吞吐来切换到其他无线电。版本3.0定义了一种和802.11g无线电相协作的方法来支持无线数据速率达到25 Mbps的自组织网络。硅生产厂商现在可以提供结合了蓝牙和802.11技术的应用。

4.3 拓扑

蓝牙是一种基本的微微网络拓扑（图4.4），一个设备作为主控设备，最多可以和8个受控设备通信。和简单的微微网一样，蓝牙技术支持分布式网络，一个受控设备可以和2个微微网共享时隙。理论上，这允许建立复杂的星型网络。实际上，时隙和用来跟踪相位时钟的同步跳频的合成内存的约束意味着这只是一个理论而不是实际应用，同时分布式网络很少出现在实际商业应用中。而一个值得注意的例外是Stollmann提出的蓝牙簇应用，它使用分布式网络建成了一个大范围的蓝牙网格网络。

涉及任何一个时间点活动链接数目的7个蓝牙受控设备的限制是由于活动受控设备地址只有3位的地址空间。蓝牙可以通过标准地址来支持大量的并行链接，但是很少这样使用。和其他所有网络一样，增加连接设备数目会减少每个设备的吞吐以及

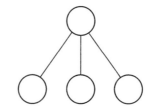

点对多点（微微网络）

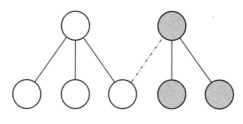

分布式网络

图 4.4 蓝牙拓扑

分享的整个带宽。

很多拓扑都这样工作,而设备的相互通信源于跳频网络的本质特性。跳频自然会将传输分为时隙,每个时隙持续一跳。对于蓝牙,设备连接会在每秒内跳 1600 等带宽的频跳,从而导致每个时隙 625 ns。在第一个时隙,主控设备将发送一个信息给受控设备;在下一时隙,受控设备将接收这一信息(图 4.5)。在随后的时隙,主控设备可以连接相同的受控设备以继续会话,或与其他设备开始一个新的会话或休眠。

为了允许更大、更高效的数据包传输,蓝牙标准允许一个传输持续 3 个或 1 个时隙并且不需要跳到下一个频点,如图 4.6 所示。

实际上,频跳点被跳过,那么随后的时隙将使用上一时隙应该使用的频谱。这保证了其他没有发现扩展数据包的受控设备能依然同步(图 4.7)。

在拥挤的频谱,特别是固定无线电使用的频谱(如 Wi-Fi 或

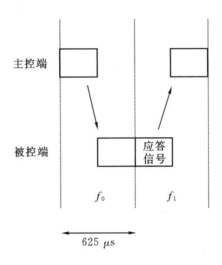

图 4.5　频跳转换

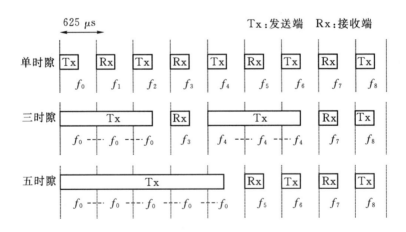

图 4.6　扩展跳

ZigBee),将会不可避免地有信道干扰或者是被蓝牙传输干扰。为了提高蓝牙链接的性能和消除蓝牙设备方面的干扰,1.2 版本的标准中引入一个自适应跳频机制。

自适应频跳(AFH)通过浏览所有的信道来寻找它们中活动的。以此可以建立使用信道图,这个图被用来修改微微网络的频跳,从而避免这些信道被使用。这个活动信道表可以动态更新来应对频谱的变化和设备的移动。可以通过应用层主控设备的接口来告诉设备这些信道。最常见的例子是一个设备中包含两种不同的无线标准。

自适应频跳可以将原来使用的 79 条信道减少到 20 条信道。这可能会导致一个问题:如果不同的频跳被用于不同的信息和确认信息,信道复用会更复杂。为了消除这些影响,1.2 版本允许受控设备使用原来使用的相同信道来回应主控设备,如图 4.8 所示。

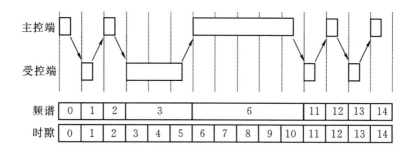

图 4.7　原来跳变行为

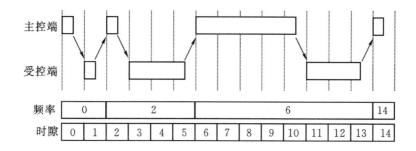

图 4.8　自适应跳变

4.4 连接

最后将蓝牙看成是一个面向连接的系统。主控设备和受控设备的连接只有在故意断开或当设备超出范围使得链路被破坏时才断开。

标准描述了四种不同的连接,它们覆盖了蓝牙连接的行为。

基本的微微网络信道:上面描述的跳频机制的第一种,设备跳了所有的 79 条物理信道。在大多数情况下,这些被自适应微微网络信道所取代。

自适应微微网络信道:这种机制基于 20~79 条物理信道的自适应频跳。微微网络信道是唯一的用来传输用户数据的信道。

调查信道:主控设备在调查范围内的受控设备中使用此信道。

寻呼信道:主控设备通过此信道与受控设备进行物理连接。

4.4.1 建立连接

蓝牙设备间建立连接比工作于固定频谱的无线技术更难理解。后者只需工作在标准使用的固定频谱直到连接建立。通过蓝牙连接的两个节点按照它们自己的伪随机跳变序列在 79 条信道范围内跳变。这些跳变甚至不互相同步。为了发现彼此,它们需要使用调查过程。

当蓝牙设备首次开机,它对其他设备的跳频序列一无所知。每个设备通过它的 48 位蓝牙地址(BD_ADDR)来选择随机跳变序列(这个跳变序列重复 24 小时,并且在每一个点上重复)。

为了在第一次发现蓝牙设备,一个设备需要作为主控设备使用调查过程来发现其他设备。蓝牙设备可以采用发现过程即配置来回应这个调查过程,或者在它们定义成不被发现设备或隐藏时设置成不回应。让设备保持在一个有限时间的发现模式,并不是一个常见的设备设置。这是由应用程序固件所决定的,但是可以提供更好的安全性,因为这意味着一个设备只能在一个短的、

用户发起的时间窗口内进入传输过程。在这种发现模式下,接收
设备将执行一个查询扫描。

查询模式和查询扫描使用特定的跳变序列来试着保证两个
设备以最大的可能在相同频带和相同时间来发现彼此。这是很
有必要的,因为都不知道其他的跳变序列和它的使用频谱,或者
其他设备的相应时钟。一旦它进入到调查状态,发现设备开始以
很慢的频率跳变——只有一次 2048 跳或每隔 1.28 秒。同时,主
控设备开始传输非常短的调查接入编码(IAC)数据包。因为它们
这样短,所以会在每个时隙中传输两次,这样使设备以两倍的概
率与其他接收时隙的设备配合。这些在 32 条不同的随机信道中
重复。在每次 32 条频带的序列之后,主控设备将跳变到一个新的
中心频谱并且重复这个过程。

这些很主动的传输对于在相对较短的时间内发现其他设备
是非常有效的。然而,如果任何其他设备在发现区域内,很可能
会在查询状态不仅仅收到这个设备的查询传输。如果这些都被
立即回应,将有它们的回应可能会干扰其他设备的风险。为了防
止这些情况发生,一个成功接收到查询要求的设备将不再回应,
而是在进入到查询扫描状态之前进入一个随机时延周期。它现
在等待其他的查询请求,并且一旦接收到这些,就以频跳同步
(FHS)数据包来回应查询请求。这些 FHS 数据包将包含其他设
备频跳机制和它的蓝牙地址(BD_ADDR)的信息。这也将返回设
备类别的信息,并且提供一个关于设备的最细分类,例如手机、头
戴设备或笔记本电脑。

在查询过程中(图 4.9),主控设备将会发现范围内可能提供
连接的设备。它可以确定这些设备的基本信息,例如设备类型和
它们的友好名称。友好名称是一个文本字段,通常是制造商设定
的一个默认值,但也可能被用户或安装程序修改。在建立连接之
前识别设备是非常有用的。

分页过程(图 4.10)与查询过程非常相似,但是也有一些关键
不同。首先,它是一个直接的过程,因为目标设备的地址是已知

的。另外,由于通信是针对单个主控设备的,所以一些随机退后
是不必要的。

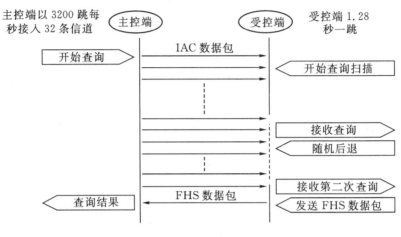

图 4.9 查询过程

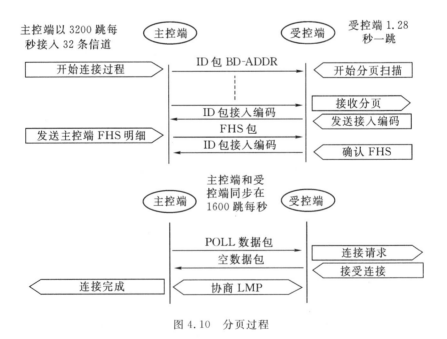

图 4.10 分页过程

　　两个设备和它们在查询过程一样,采用相同的跳变序列开始分页过程。在这种情况下,主控设备广播一个 ID 数据包给需要的 BD_ADDR。一旦受控设备成功接收到一个这样的数据包,它将回复一个包含接入编码的 ID 包。主控设备然后发送它的 FHS 数据包,这个数据包包含受控设备调整它的时钟到主控设备的相同跳变序列的信息。它会用另一个 ID 包来确认对这个数据包的接收,跳出分页过程,然后开始跳变和主控设备同步。

　　一旦主控设备接收到这个确认信息,它开始设备间参数协商的数据包交换直到一个链接建立。这个链接将被随后的微微网络信道使用。在这个阶段,主控设备通过连接受控设备的服务描述来要求更多的设备可用信息。它可以使用这个信息来和一个或多个配置文件进行特定的连接。

　　查询和分页过程可以在主控或受控设备已经开始其他连接时发生。在这些情况下,查询和分页过程可以与其他连接分享时间,特别是如果有一个活动的 SCO 连接。当这些发生时,发现和连接这个设备的时间将会很长。

　　如果一个主控设备需要连接多个设备,那么这个过程将会在每个设备上重复。然而,设备上足够的信息已经在扫描过程中被主控设备获得,从而允许主控设备直接跳转到分页过程开始建立连接。最多允许 7 条连接。这个限制是由活动用户地址(AMA)决定的,它由主控设备使用三位的地址空间来编码受控设备的地址。规范允许受控设备"停",在此期间,它们的活跃用户地址可以分配给其他设备。这个特性最好避免,因为停的设备在主控设备离开区域后会成为孤立设备。

　　就此而言,值得简单介绍频跳同步的工作方式。微微网络的跳频序列通常由主控设备控制并且基于主控设备的时钟。每一个蓝牙设备有它自己的自由运行时钟,按照 2^{28} 个时隙循环,间隔半个时隙或者 312.5 μs。当一个受控设备加入到微微网络时,它需要时刻跟踪补偿它自身时钟和主控设备的时钟。每个加入微微网络的受控设备都这样做,同时使用这些信息来调整它的跳频序列来匹配主控设备的时钟。它需要采用补偿而不是调整的原因是它可能加入到几个微微网络中。如果在这种情况下,它需要单独补偿每个微微网络,这可以是资源密集型并且可能限制微微网络连接设备的数量。

因为主控设备在查询(分页)过程主动发送,它会在带内产生许多传输。因而,设备只有在需要时采取查询过程。

这部分需要提及的一个重要的点是主控和受控设备的切换。从蓝牙设备发出的连接可以来自设备的任何一端,但是这个设备必须和主控设备操作一样。在很多情况下,这可能与谁会在最后连接中成为主控设备不一致。一个很常见的例子是头戴设备,用户开始可能通过触碰设备开始一个新的连接。这将连接到移动电话,但电话设备可能想接管这条链路的所有权。在蓝牙标准中这种情况是允许的,并且主控和受控设备是被指定的,允许它们在不断开链路的情况下互换角色。注意一些参数,例如服务质量要求可能在角色互换后不能满足而需要在互换完成后立即协商。

其结果是,所有的蓝牙设备都可以支持所有的基本角色。这意味着它们的能力和复杂度比其他大多数无线标准更加对称。

4.5 传输数据

如果你读过蓝牙标准,你会发现它支持大量的不同数据包类型,如 HVn、DVn、DMn 和 AUX 等。在其他的事情中,这些定义了数据有效载荷的大小,及它们是否支持流媒体或数据同步和它们是否实现前向纠错(FEC)和包含循环冗余校验(CRC)。

虽然有很好的存在理由,但是它们很难被产品设计师们考虑到。运行在蓝牙基带控制器的固件将会基于链路的质量和连接的需求自我协商。

对于产品开发者来说,可用的数据传输可以被分成两种不同的类型——异步和同步。

4.5.1 异步链路(ACL)

异步链路(ACL)用来传输成帧的数据。成帧的数据由一个应用发送到一个逻辑链路控制和自适应协议信道(L2CAP)。这个信道可能支持单向的或双向的数据传输。传输数据将会以从主控端应用接收到的格式展示在链路另一端设备的应用程序中。大多数 ACL 格式结合了 FEC 和头错误纠正(HEC)来检测和纠正错误。

异步链路连接提供了蓝牙应用的大多数连接。在配置文件的支持下,它们允许蓝牙应用传输数据给一个蓝牙设备并期望链路的另一端传输同样的数据给应用。使用 ACL 链路可以得到的基本的蓝牙速率为 723 kbps,可以在增强型数据速率时获得 2.1 Mbps。异步链路可以通过设定相关 L2CAP 信道参数来保证 QoS 需求。

4.5.2 同步链路(SCO 和 eSCO)

另一类链路是 SCO 或异步信道。这种信道用于数据流,而不是数据帧。异步信道可与 ACL 信道共存(最少需要一条来配置它们),但是它们可以保证数据在确定的时间以定义好的最大时延展示。

一个蓝牙主控端可以同时支持三条 SCO 信道,并且将它们分给最多三个受控设备。每个信道带宽是 64 kbps。数据包不会被确认也不会重传。如果一个 SCO 数据包丢失或破坏,相应的接收应用程序将决定该怎么做。

回看图 4.1,SCO 信道有效地绕开主机栈和 L2CAP。一旦它们设置好,数据流将直接从应用文件以最小的时延传输到基带资源管理器。

扩展的 SCO 或 eSCO 在 1.2 版本的规范中引入,并且使在 SCO 信道中的语音传输更强健。尽管 SCO 数据包没有确认和重传功能,eSCO 允许有限的重传来提供更高的可靠性。它们工作在可靠的时隙中,所以会有一个妥协的最大重传次数。最基本的原理是,重传只允许在下一个可靠时隙前进行,那个时间之后,任何依然错误的数据包都将会被丢弃。假设数据包以它们发出的顺序到达,因而没有能力去存储和重新组织它们。两种 SCO 的变化信道都可以很好地支持实时性。

4.5.3 语音编码

大多数功能都用合适的文件定义,但是蓝牙却将大量的语音编码规范定在核心标准中。这些对数 PCM 编码采用 A 规则编码或 μ 规则编码,并且采用连续可变斜率增量调制(CVSD)。蓝牙芯片可以在标准的内部实现或采用基于外部编码的 PCM 接口。

所有这些编码都是为"高质量"语音而设计的,可以提供你从传输线路中所期望的传输质量。它们并不适合音频流媒体,因为它的高效性要求限制音频的带宽为 4 kHz。音频或立体声音乐应用使用更复杂的编码机制来处理,并且用 ACL 链路传输。而像 CVSD 这样的简单编码机制的优势在于它们所展示的最小时延,因此它们常被用在解决语音通信时没有同步的问题。相反,音乐编码可能会带来明显的时延。

4.6 底层栈(控制器)

在之前无线电讨论的信道和拓扑中,我们已经描述蓝牙栈最低层的功能。大多数的连接由管理者或链路控制器管理。加上无线电和设备管理器,这些构成了蓝牙控制器。

图 4.11 展示了数据流通过栈的多个关键部分。与更加常见的栈结构(图 4.1)相比,这是另一种栈结构,并且展示了关键的数据路径。

控制器的上端是主控制接口。这是蓝牙标准内的接口,它很好地定义了 API 呼叫的设置。芯片和子系统显示这个接口通过大量定义的物理传输来工作,包括 UART、USB、SD 和三线。事

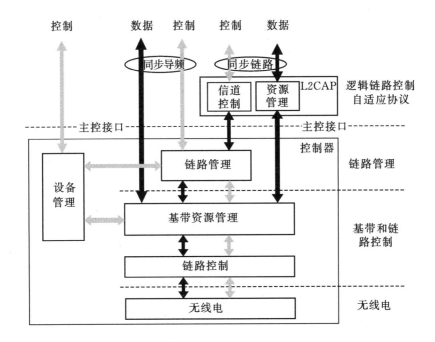

图 4.11 控制和数据结构

实上,这是蓝牙接收器的接口。

定义 HCI 接口是为了保证不同厂商的控制器可以交互。为了达到蓝牙质量要求,控制器这时需要增加一个额外的接口来满足 HCI 规范。如果一个芯片组包含在高层,那么它就不需要添加额外的 HCI 接口。

4.7 高层栈(主机)

低层的栈形成的蓝牙控制器通常处理设备之间的连接,而不需要它们去唤醒高层栈。除此之外,高层栈,即作为控制器的蓝牙主机,负责提供应用程序和控制器的交互。高层栈的关键部分包括 L2CAP、SDP 和 GAP。它们是所有配置文件的基础,并且传输为它们服务。

4.7.1　逻辑链路控制和自适应协议（L2CAP）

我们已经遇到过 L2CAP——逻辑链路控制和自适应协议。它负责为所有的使用 ACL 链路数据应用程序提供接口。它为高层协议提供多路传输，这样多种应用可以共享相同的低功率信道。它还提供分割和重组，因此大量的应用数据包可以分裂并且适应低层数据包 PDUs 的限制。

L2CAP 也可以提供控制连接的服务质量的功能。大量的时间和重传限制，以及增强型可靠性及流控制可以在 ACL 链路中设置。这些功能通常被应用文件定义，可以使设计者省去设置它的麻烦。

4.7.2　服务发现协议（SDP）

服务发现是蓝牙自组织功能的一部分。不同于所连接设备群体大部分为静态的有线网络（和很多无线网络），蓝牙是建立在设备移动的前提下，并且在蓝牙设备的生命周期内会建立很多无线自组织连接。当工作在有大范围的设备和应用去连接时，使设备拥有可以发现其他设备的能力是非常重要的。

标准中的 SDP 部分定义了存在于蓝牙设备中的一个服务器数据库，并且列出了设备可以做的所有事情。这些列为服务记录，并且形成了 16 位的属性记录。这些记录是独一无二的 UUIDs，它们被列在中心用户分配列表上。高级属性在用户分配列表中定义，同时单独用户的特殊概要文件在文件规范中定义。

每个设备的 SDP 服务器数据库包含设备支持的所有文件和协议的信息。

每一个相关文件——服务发现应用文件（SDAP），有时被误认为是服务发现文件，解释了在 L2CAP 连接建立后设备怎么询问其他设备的数据服务器。所有的蓝牙设备都拥有一个实现功能的 SDP 客户端和一个 SDP 服务器数据库。

一旦建立了一条 L2CAP 信道，SDAP 就为客户端提供多个选择来询问另一设备的数据库。这允许其浏览完整的数据库，或为一个特定的信息片发布一个询问，要么通过服务类型或服务属性来搜索一个服务。对于一个不愿意花费时间在其目标服务器数据库内检查每条信息的简单、低功率设备来说，后一种方法是有用的。

4.7.3 一般接入文件

一般接入文件（GAP）定义了蓝牙设备发现连接并建立连接的方法。它是蓝牙文件中最基本的文件，却被其他文件作为基础来建立连接。

GAP 允许一个设备设置成三种不同发现模式中的一种——不发现、有限发现或一般发现。它通过使用查询和分页过程来控制连接的形式、监督配对，并控制什么时间和怎样在链路中使用安全和密钥。

它也允许设备设定成连接或非连接模式。当设置成非连接模式时，设备将拒绝其他任何设备的尝试配对行为。

4.7.4 结合和配对

关于结合和配对的内容在第 3 章已涉及。这两个术语描述了两具设备间如何建立安全的连接。它们同样是导致大多数用户惊愕和困惑的术语。结合和配对应该简单定义——所有存在于标准的工具使之如此。然而，蓝牙设备依然看起来在连接的这个阶段使用户困惑。任何设计都应该试着保证它们的配对技术非常简单以避免使人迷惑。使用安全简单配对（SSP）不仅可以提高安全级别，同时也可以被其他所有的新的设计使用。

GAP 技术中涉及结合的是"第一次认证的专用程序，同时建立一条公用链路钥匙让未来使用"。配对是这个过程的结束操作，此时"一个蓝牙设备有一个已经交换的链路钥匙"。配对设备可被操作设为可信设备，此时"配对设备标记为可信设备"。对于用户而言,这个过程的所有三个部分——发现、配对和结合通常在一个程序中依次完成,它的通俗称呼即配对。

对于大多数用户来说,配对过程是使用总密钥或 PIN 进入一个或两个设备。在法定安全模式(到前面的 2.1 版本的安全简单配对模式),这些 PIN 作为子钥的一部分构成了设备内的密钥。安全过程的第一阶段是认证(结合蓝牙的说法),在这个过程中两个设备已经建立了连接,然后它们会检查彼此是否共享相同的私钥。为安全起见,没有钥匙会无线发送,因为链路在这一阶段还是未加密的。相反,主控端会发送一个随机数给受控设备。

受控设备用进入设备的 PIN 对这个数字进行或操作(或在没有用户接口的情况下对设备进行预编码),用自己的私钥进行加密并且把结果发送回主控设备。主控设备进行相同的计算,使用相同的输入 PIN 并且和从受控设备接收到的结果进行比较。如果它们配对,两个设备都知道它们共享相同的私钥,它们被认证可以相互通信。为了最大化安全性,PIN 码应有 16 位,最好是字母和数字混合。PIN 码越短,其安全性越差。

GAP 允许一个设备设置成可信,在这种情况下,它在未来的连接中不需要证书,但是会自动连接设备。

安全简单配对(SSP)在 2.1 版本的蓝牙标准中被引入。它采用先进的加密算法来产生钥匙,从而避免了用户输入 PIN 的需求。在配对过程最后,SSP 能在两个设备产生 6 位数字。用户进而可以确认两具设备是否已正确配对——如果正确配对,两端产生的数字将会一样。其他确认方法也是可行的,如使用闪光或播放音频序列。

4.8　传输协议

大量的不同传输协议已经指定,来转移应用程序和 L2CAP 层的数据。有三个主要协议已经使用——RFCOMM、MCAP 和 AVDTP。两个文件——HID 和 AVDTP——包括它们自己的协议直接和 L2CAP 传输接触。

RFCOMM(RF 通信——虽然它们从来没有这样叫过)协议是目前为止最常用的协议,它是从 GSM 07.10 系列多路技术协议发展而来。它本质上是一个以前的 RS-232 串行仿真端口,允许数据和命令从高层文件发送到 L2CAP 层。

AVDTP 是视频数据传输协议,这个协议可以通过 ACL 链路来传输编码的音频和视频流媒体。

MCAP 是多信道自适应协议。它建立在医疗设备文件之上,同时允许多个健壮的数据信道按照医疗设备的 IEEE 20601 传输协议来传输数据。

4.9　轮廓

在底层介绍完之后,我们可以介绍轮廓。目前有超过 25 种不同的蓝牙应用属性。在大多数情况下,例如打印,有多个配置文件覆盖相同的应用。这种情况包括不同产品利益集团发展的结果。

大多数配置属性对应于特定的应用。对于大多数通信的应用程序来说,只有几个配置属性会使用。在这部分中,我们将看到那些最适用于一般短距离的无线产品。一套完整的配置属性可以从蓝牙网站下载。

4.9.1　串口配置属性

与其他属性相比,串口配置属性(serial port profile,SPP)一直负责开发更多不同的应用,从玩具到除雪机,从信用卡读卡器到挤奶机。其局限性是它们之中没有一个可以与其他交互。

这是配置属性中最简单的一个,仅仅只是仿真 RFCOMM 顶部的 RS-232 串行接口。设计师很容易理解这些,并且它是最快最简单地将无线连接添加到有串行接口的设备。然而,它的简单性也部分反映了一个事实,即它没有定义数据协议也没有定义经过它的数据格式。这样做的影响是在 SPP 实现中没有高层应用的互操作性。设计都需要定义它们自身的协议和数据格式。

大多数模块和芯片厂商提供的固件都支持 SPP，允许它配置为一个虚拟串口电缆。它不需要对蓝牙标准有太多的理解，这在很大程度上影响了它的通用性。

4.9.2　免持属性

在此之前，蓝牙引进了头戴属性（HSP），提供了与头戴设备的简单连接。这些现在被免持属性（handsfree profile，HFP）所取代，增加了相当多的额外控制功能。

属性定义了两种不同的角色——免持（HF）和音频网关（AG）。音频网关通常是移动电话或车载工具——用于提供远程语音数据源的连接。

免持属性授权为使用这一属性传输的语音数据使用 CVSD 编码器。它也定义了广泛的一类语音控制特性。

所有的蓝牙应用属性包括了大量不同的功能，其中一些应用属性是强制的，一些是可选的，另外一些是假设的。例如，表 4.3 所列的呼叫控制功能是免持属性的一部分。

表 4.3　免持属性的功能

功能	免持	音频网关
连接管理	强制	强制
电话状态信息	强制	强制
音频连接处理	强制	强制
接收语音呼叫	强制	强制
拒绝语音呼叫	强制	可选
暂停呼叫	强制	强制
呼叫中音频连接转移	强制	强制
通过高频提供号码呼叫	可选	强制
通过内存拨号呼叫	可选	强制

功能	免持	音频网关
通过最近拨号呼叫	可选	强制
电话通知	可选	强制
三种呼叫方法	可选	可选
呼叫链路识别（CLI）	可选	强制
回应消除（EC）和噪声消减（NR）	可选	可选
声音识别激活	可选	可选
对声音添加号码标签	可选	可选
传输 DTMF 编码能力	可选	强制
远程音频音量控制	可选	可选
回应和保持	可选	可选
注册号码信息	可选	强制
加强呼叫状态	可选	强制

4.9.3　通用对象交换配置属性

通用对象交换配置属性（generic object-exchange profile，GO-EP/OBEX）是最通用的属性交换内容。它是基于 IrDA 开发的目标切换属性。虽然 OBEX 通常是用于这种传输的术语，蓝牙标准还是将它在 RFCOMM 项部分分成大量的属性。

OBEX 协议的底部是 IrDA 再次实施的根本。在通用对象交换属性之上提供了一些支持基本对象交换的功能：

- 建立数据交换会话功能；
- 推出数据目标；
- 拉出数据目标。

GOEP 定义了推出客户端和推出服务器的概念。除了这些，GOEP 不需要设备文件结构信息或者文件内容的传输。假设应用程序或用户可以处理指导文件到正确最终的目的地，这就给了

OBEX一个可以被广泛应用的简单应用性。例如：在一个带摄像头的手机中，OBEX的推出功能通常在用户拍照后选择一个"发送"操作时被调用。所有的用户需要知道执行这些通过蓝牙设备发现的目标手持设备或打印机。

GOEP也支持一些其他的相关属性，这些属性定义或包含更多关于文件内容或发现结构的细节。它们包括：

- 目标推出属性（OPP），它定义了商业卡和日历格式。
- 文件传输属性（FTP），它包括目标设备的文件结构细节。
- 同步属性（SYNCH），它试图同步两个设备上的目录。

这些属性没有能广泛或很好支持的。除非它们特别需要时，OBEX可以提供更好的可用性和互操作性。

4.9.4 个人局域网络属性

个人局域网络属性（personal area networking profile，PAN）被引入以定义两个或多个蓝牙设备连接在一起形成一个无线自组织网络同时通过接入点和远处网络连接。它定义了三种网络：

- 网络接入点（NAP），它允许设备通过路由或网桥连接其他设备。
- 组网络（GN），它是由多个设备组成的独立网络。
- 个人网接（PAN-U）连接。

PAN属性很少被使用，因为它的网络接入的主要应用被802.11取代了。除了这些，它还包含其他应用有兴趣的特征，并且这些是底层的蓝牙网络封装协议。这是一个允许标准因特网IP包通过蓝牙链路进行传输的协议。

4.9.5 医疗设备属性

医疗设备属性（health device profile，HDP）开发是为了允许蓝牙设备使用IEEE 20601协议传输数据的协议，这已经成为易操作医疗健康设备的标准。它提供了蓝牙链路使用这个协议的方法,同时要求数据格式符合 IEEE 11073 族中一系列 IEEE 文档关于医疗设备标准的定义。HDP 在 MCAP 协议的上层运行,直接和 L2CAP 连接。

在这些标准的指导下,可以使用 HDP 来生产可以相互操作的医疗和卫生设备,以及数据的互操作性。蓝牙 SIG 开发这些属性是为了应对康体佳健康联盟(Continua Health Alliance)指导医疗行业产品的需求。蓝牙 BR/EDR 是第一个为无线连续设备提供无线传输操作的协议。

医疗设备属性也引入了新的实时同步机制,允许多个蓝牙设备同步内部的时间标记数据的时钟。因此,不同设备的测量可以在几微秒内相互同步。然而,这些功能的主要驱动是需要不同的可穿戴传感器的时间标记数据,它提供了一个难以置信的准确的时间标记给那些需要这些的任何分布式无线应用。

4.9.6　个人接口设备属性

个人接口设备属性(human interface device profile,HID)设计为允许鼠标和键盘使用蓝牙。这些应用程序在很大程度上未能取得成功是由于有低成本专有的收音机的激烈竞争。尽管如此,HID 在掌上设备上仍很流行,并且这些设备需要低延迟。它目前具有手机外部蓝牙芯片的最高水平,并在任天堂的 Wii 控制器中得到使用。

HID 属性描述了属性需求和 HID 协议,它直接与 L2CAP 接口相连。两者都被设计用来减少时延,同时要求一个蓝牙 HID 连接应该在一个事件中添加不超过 10 ms 的时延。

HID 属性包含大量的实施方法来减小设备功率消耗,如本书4.10 节所述。

4.9.7　先进的音频描述属性

先进的音频描述属性(advanced audio distribution profile,A2DP)是相当费解的属性,这个属性允许高质量单声道或立体声音乐使用 ACL 链路成为流媒体到头戴设备,它使用音视频分布传输协议来直接与 L2CAP 接触。

为了开始流媒体音频,两个设备需要使用通用音视频分布传输协议来设定流媒体连接(GAVDP)。在这个过程中,两个设备需要协商大部分合适的应用特性服务能力。其中就包括编解码器,它将会被用来编码和解码流媒体与内容保护功能。

所有的 A2DP 实现必须支持基本编解码器,即子带编解码器(SBC)。这是一个无需授权、低复杂度的编解码器,也是 A2DP 属性的一部分。它提供了高质量、低比特率和低复杂度的音频。通过强制性措施,它保证了立体声耳机的最低通用标准性能。

SBC 并不是市场上最理想的编解码器,而且它在压缩性和性能上也不是最优的。出于这些原因,A2DP 属性包含了其他的编解码器。目前,这些编解码器包括 MPEG-1 和 MPEG-2 音频,MPEG-2 AAC 和 MPEG4 AAC,以及索尼的 ATR AC 编解码器。由于所有的这些编解码器都无需授权,所以由制造商来决定是否包含它们。强制型的 SBC 编解码器提供了最低通用标准给那些两个设备之间没有配对的共同支持的编解码器。

音视频远程控制属性的一个相关属性允许添加远程控制功能,这样通过头戴设备就可以进行无线跟踪、音量控制和播放操作。

4.10 功耗

通过设计,蓝牙成为一种低功耗的无线电,但是对一些数据传输是偶发性的应用而言,如果设备允许休眠就可以节省更多的功率。为了完成这个目标,蓝牙标准让受控设备拥有呼吸模式。这种功能在 2.1 版本中得以加强,并引入了一个减速呼吸模式。

呼吸模式(图 4.12)通过减少连接中的受控设备的任务周期来节能。在正常操作中,受控设备会在每一个 ACL 时隙听从主控设备的调度。呼吸模式允许主控设备和受控设备协商来减少受控设备需要醒来和收听的时隙数目。这些叫做呼吸锚点,并且定义了它们之间的间隔为 T_{sniff} 。

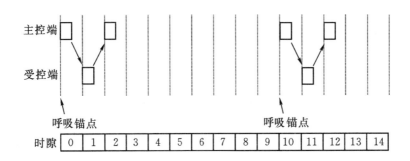

图 4.12　锚点操作

在每个呼吸锚点,受控设备将会醒来并且收听一系列时隙来看是否有信息发送给它。如果它接收到一个给自身的数据包或者如果传输一个 ACL 数据包,它将保持醒来直到被通知返回呼吸模式。如果它并没有接收到任何信息,则可以恢复睡眠直到呼吸时间用完。

更加积极的电源管理系统——减速呼吸模式——允许已经在呼吸模式受控设备跳过约定数目的锚点。在退出减速呼吸模式后,设备将重新进入呼吸模式,而不是直接回到活动状态。

4.11　蓝牙 3.0

蓝牙无线电在有限的条件下可以实现更高的吞吐量。然而,定义良好的协议栈和应用程序配置文件,意味着有一个非常大的蓝牙应用安装基础及一个更高的传输速度可以利用。从 2005 年开始,蓝牙特别兴趣小组(SIG)开始研究利用无线电来获得更高的吞吐量技术,从而提高传输速率(图 4.13)。

这些背后的概念是继续使用蓝牙 BR/EDR 来在设备间建立连接,建立安全和可处理数据流。但是,这时需要更高的吞吐量,可以通过一个可替换高速 MAC/PHY 直传数据包。实际上,新的 MAC/PHY 在蓝牙的控制下可以作为一个按需高吞吐的管道。

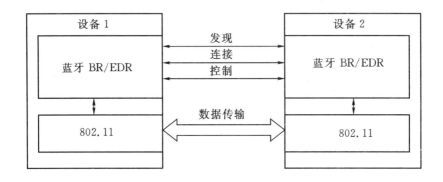

图 4.13 蓝牙 3.0——概念

最初的工作集中在两个选择——UWB 和 802.11。UWB 开发被推迟,因为 UWB 标准进行了重新设计来提供一个全局可接受的更宽频带。因为这个时延,UWB 的工作被放在了一边,转而支持 802.11 的使用。因此,产生的蓝牙 3.0 标准使用 2009 年 4 月的 802.11 标准。

关键结构的不同是添加了一个可替换的 MAC/PHY 管理者(AMP 管理者),如图 4.14 所示。这整合了 L2CAP 协议,并且也允许多个可替换 MAC/PHYs 添加至结构中。每个 MAC/PHY 有它自己的协议自适应层(PAL),可以提供一个标准接口以允许通过 L2CAP 通信。蓝牙高层栈和属性可以决定什么时间在链路两端替换 MAC/PHYs(当链路要建立时),并通过它们进行数据传输。

这种方法的优势是用户接口和用户交互在已知的设备上不会变化。在任何问题上,信息的传输在使用中需要交互——那应该只是工作。因为蓝牙依然使用所有的信息和控制,配对过程和安全会保持不变。本质上,这是一个熟悉的蓝牙接口,能够访问一个更快的管道。

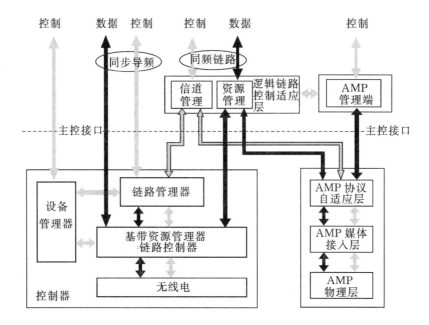

图 4.14 替换 MAC/PHY 的控制和数据结构

4.12 参考文献

[1] Bluetooth Special Interest Group, www.bluetooth.org. All adopted specifications can be downloaded from this site.

第 5 章　IEEE 802.11abgn/Wi-Fi

5.1　介绍

　　802.11 及其 Wi-Fi 标准在提供笔记本电脑之间的互联网连接方面已经取得了极大的成功。近年来,802.11 也开始出现在移动手机及其他便携式设备中,为它们提供中速的互联网热点连接。同时,它们也充分利用广泛部署的基础设施来寻求新的应用,尤其是在 M2M 空间。最新发布的标准 802.11n 在家用音频或视频流媒体应用中取得了较大的成功。不过,尽管有这些数字应用,目前 802.11 的主要部署还是只针对上网服务。

　　802.11 是本书涵盖的最早的无线标准,其前身是一个专有的 WaveLAN 无线局域网,始建于 1986 年,于 1988 年首次出现在市场上。在成立初期,它并非致力于互联网连接服务,而是作为一个以太网电缆的无线替代品,并瞄准工厂仓储与办公网络互联的潜在市场。其理念是用一个同样可嵌入 802 协议栈的无限替代方案取代 802.11 标准的有线物理连接。1991 年,他们开始致力于发展一个无线网络标准,并于 1997 年正式发布 802.11 规范。

　　正如我们将在本章后面看到的,802.11 中有大量的拓扑和连接状态最初是作为 IEEE 802 系统的替代连接介质方案发展而来的,这一传统使得 802.11 中有相当一部分的功能是很少使用的(图 5.1)。

　　802.11 标准的最初版本宣称其符号速率可达到 1 Mbps 和 2 Mbps,同时定义了三种不同的无线接口:中心频率 2.4 GHz、2.4 GHz 处的直接序列扩频(DSSS)以及红外连接。然而在实际

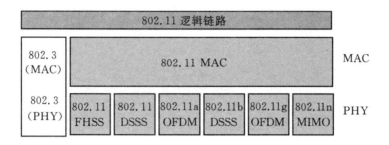

图 5.1　802 标准架构

应用中,数据率却很少超过几百 kbps。一些早期产品的有效范围也是相当有限的,不过这主要是因为当时相对初期的技术,而不是规范本身造成的。

数量急速增长的笔记本电脑以及不足的互联网吞吐量,使得对于提高数据传输速率的需求日益增加。802.11a 工作组最初提出要增加数据传输速率到 22 Mbps,并将 ISM 频段移到更高的 5.1 GHz。然而事实证明,对于当时的现有技术而言,这是一个非常困难的技术挑战。因此,随后形成的工作组的任务是产生更易于在目前技术限制下实现的方案,这就是 802.11b 标准。它包括了一个可替代的 MAC/PHY,并以 11 Mbps 的符号速率在 2.4 GHz ISM 频段中传输。

11 Mbps 的数据传输速率可转化为约 4.5 Mbps 的实际网络吞吐量(随后会讲到为什么),这使得它成为笔记本宽带连接的理想方案。然而其早年受限于互用性,很难从一个供应商的产品连接到另一个供应商的产品。

5.1.1　802.11 与 Wi-Fi 的区别

802.11 和 Wi-Fi 之间的区别正是发生在第一代的 IEEE 802.11b 产品身上的事情。在大量的媒体报道中,被黑客攻击的安全问题、设施部署停滞不前等问题日益突出,尤其是在企业市场。为了解决这些问题,相关厂家形成了 Wi-Fi 联盟[1]致力于修补这些疏漏。

Wi-Fi 联盟重新审视 802.11b 规范,纠正错误以及不一致的地方,并发布了其 Wi-Fi 标准测试规范和资格认证程序(图 5.2)。

多年来,Wi-Fi 联盟与 IEEE 802 工作组并肩工作,并选择性地把 802 标准中的内容纳入新版本的 Wi-Fi 标准。尽管并不是每个功能都是相互包含。但是大体上,这些都是和 802.11 标准的产品相兼容的。

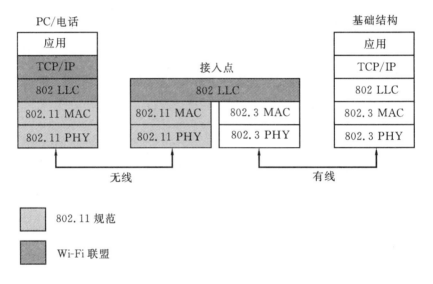

图 5.2 802.11、802.3 和 Wi-Fi 之间的关系

Wi-Fi 标准和资格认证程序已经解决了大部分的互用性问题,这标志着 Wi-Fi 成功的开始。制造商仍然可以设计基于 802.11 标准的产品,但是会日益缺乏 Wi-Fi 联盟新添加的可用性功能,同时也没有任何保证他们可以与 Wi-Fi 产品共同使用。另一方面,如果一个产品被形容为"Wi-Fi",它必须通过 Wi-Fi 的验证过程,并支付相应的会员资格费和验证费。

在最近几年中,Wi-Fi 联盟已经感到有必要以即将来临的 802.11 的预发布标准作为基础,因为它认为市场需求比 802.11 工作组要变化得更快。这也说明了立足于工业的各标准组织能更好地对市场需求做出反应,而不是像一个开放的标准组织,有时候甚至可以为某一个标准讨论许多年。表5.1给出了一个简单的时间表来说明来自这两个标准组的主要规范版本。

所有的速度增长实际上都是对于核心 802.11 规范的修订。这有助于确保向后的兼容性，但有时却很难与标准的优化结合起来，特别是在吞吐量和电源管理方面。

表 5.1　主要版本和特性时间表

版本	内容	日期
802.11	源标准支持红外和 2.4 GHz 射频的 1 Mbps 和 2 Mbps 的物理层选项	1997
802.11a	标准使用 5.1 GHz ISM 频带的 54 Mbps 版本	1999
802.11b	增强的 802.11，在 2.4 GHz 上支持 5.5 Mbps 和 11 Mbps	1999
Wi-Fi 'b'	Wi-Fi 联盟对 802.11b 的认证测试	2000
Wi-Fi 'a'	Wi-Fi 联盟对 802.11a 的认证测试	2002
802.11g	增强的 2.4 GHz 802.11b，添加了 OFDM，符号速率增加到 54 Mbps	2003
Wi-Fi 'g'	Wi-Fi 联盟对 802.11g 的认证测试	2003
WPA	基于 802.11i 的 Wi-Fi 安全规范	2003
WPA2	Wi-Fi 保护的接入 2：增强的安全性；2006 年后对 Wi-Fi 产品强制要求	2004
WMM	Wi-Fi 多媒体：提升 QoS 并且引入改进了的节能机制	2004
Wi-Fi 'n'	Wi-Fi 联盟对 802.11n 的认证测试，基于 draft 2.0 和 802.11 标准	2007
Wi-Fi 保护设置	可选的 Wi-Fi 标准，用来优化用户连接兼容产品的体验	2007
BT 3.0	蓝牙 3.0：使用 802.11abg 的 MAC/PHY 作为一个高速蓝牙分组传输	2009
802.11n	使用 MIMO 的高吞吐量规范，可以使用 2.4 GHz 或者 5.1 GHz 的频带	2009

一个汇集了所有这些增强功能的 802.11 标准新版本在 2007 年 7 月发布,包括 802.11—2007,这为相关工作提供了最好的参考[2]。下一个版本的发布目前计划在 2012 年。

Wi-Fi 联盟致力于其规范中的基础架构模式,但是不包括支持 802.11 的点对点拓扑,这应该会在即将发布的 Wi-Fi Direct 中解决,预计在 2010 年下半年完成。

如今,Wi-Fi 联盟为按照其标准的设备提供了以下的认证测试:

强制的

- 802.11a、802.11b、802.11g 和 802.11n 上核心 MAC/PHY 的可互用性。
- Wi-Fi 安全。目前采用的是 WPA2 安全验证。无论是个人 WPA2 验证还是企业 WPA2 验证,都包含 EAP 鉴定。

可选的

- 802.11d 国际漫游扩展:允许产品在世界任何地方合法使用。
- IEEE802.11h 扩展:工作在 5.1 GHz 的 802.11 设备(注意:对那些运到特定地区的设备 802.11h 标准是强制性的)。
- Wi-Fi 多媒体(WMM):QoS 模式和节能模式。
- Wi-Fi 保护设置:由 Wi-Fi 联盟开发的一种规范,以简化设置过程,并启用小型办公室和用户的 Wi-Fi 网络的安全保护。

在大部分情况下,这两个标准的技术细节是相同的,而产品往往是可互用的。对于本章的其余部分,都适用于 802.11 和 Wi-Fi 联盟标准,除非明确表示仅用于其中之一。

5.1.2　蓝牙 3.0

虽然 IEEE 和 Wi-Fi 联盟假设 802.11 MAC/PHY 将使用和有线网络相同的 UDP 和 TCP/IP 协议栈,但其实并没有必要。最近,蓝牙产品已采纳 802.11 MAC/PHY,使用高级的蓝牙协议栈作高速传输。如需更多相关信息,请参阅本书第 4 章。

5.1.3　字母组合

在 802.11 标准中的所有工作组的特点是使用一个字母的后缀。随着标准的演变,标准成倍增加。如标题所示的 b,a,g 和 n,其所代表的物理层吞吐量也逐步提高,表 5.2 列出了那些相关的实施者。

在 802.11 网站上可以找到工作组的完整列表[5]。维基百科的页面上也有一个很好的概述[6]。为了避免字母和数字的混淆,是没有 802.11o 和 802.11l 的。

表 5.2　重要的 802.11 工作组

工作组	内容	状态
802.11d	国际(国家到国家)漫游扩展	2001 年发布
802.11e	QoS 增强	2005 年发布
802.11h	欧洲市场 5 GHz 的频谱管理(功率控制和动态频谱选择)	2004 年发布
802.11i	增强的安全性:一个基础的 WPA 安全方案	2004 年发布
802.11j	增强覆盖管理,在日本有要求	2004 年发布
802.11p	标注的变体,运行在 5.8 GHz 和 5.9 GHz 的车辆之间或者车辆到基础设施之间的应用。它也被称为 DSRC(用于短距通信)[3],包含 WAVE(车载环境的无线接入)。在欧洲,由 Car2Car 联盟开发	进行中

工作组	内容	状态
802.11r	快速漫游：一个能够带来 802.11 蜂窝漫游体验的倡议	进行中
802.11s	802.11 网状网络	进行中
802.11u	非 802 网络的网际互连：这个工作组着眼于 802.11 如何与其他网络并存，尤其是蜂窝网	进行中
802.11aa	提高声音和视频流的性能	进行中
802.11ad	着眼于 60 GHz 上超高吞吐量，目前被高清无线使用	进行中

5.2　802.11 拓扑结构

802.11 支持两种不同的拓扑结构——点对点结构（Ad-Hoc）和基础结构（infrastructure）。其中，几乎所有的产品都使用一个基础结构模式的变种，每一个变种一般为其功能的一个子集，其中一个接入点仅连接到一个单一的后端宽带链路。802 网络的继承性意味着有更多的功能可用，这一继承性同时也控制拓扑结构和多个围绕 802.11 的命名。

所有的 802.11 网络以一个作为中央节点的设备开始，到其他那些中央节点连接的设备结束。在基础结构的情况下，这可以作为接入节点。对于 Ad-Hoc 网络，它是网络的初始创建，802.11 调用这些独立网络基本服务集（BSS）。一个 BSS 的基本特点是，它有一个服务集 ID，更通常被称为它的 SSID。SSID 是一个 1 到 24 个字符的字母数字字符串，标识节点在该网络中的所有其他节点连接。（当一个站希望找到所有可用的接入点时，可以特别使用它来探测请求的零长度的 SSID。）

　　图 5.3 说明了两个可以形成围绕基本服务集的基本拓扑结构。在基础结构连接的情况下,接入点会向其他想要接入它 BSS 的节点广播它的 SSID。接入点也有分配功能,典型地在宽带链路中。这就是所谓的基础设施基本服务集。

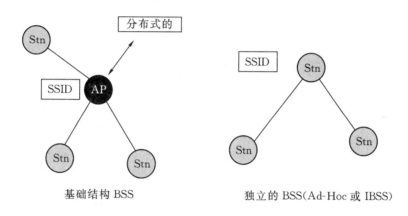

图 5.3　802.11 拓扑结构

　　点对点连接本质上是相同的,不同之处在于节点广播其 SSID 没有任何进一步的外部连接。Ad-Hoc 网络中容易混淆的部分被称为独立基本服务集或 IBSS(请注意,这个缩写从来没有被应用到基础设施服务集)。点对点结构目前没有通过 Wi-Fi 认证计划,也没有基础结构发展得好,主要由于它们具有不同程度的鲁棒性、安全性和互用性。这有可能在 2010 年 Wi-Fi 联盟发布的 Wi-Fi 的直接标准中得到校正[7]。

　　802.11 的网络背景假设,最常见的使用情况是企业和校园环境用户在访问点之间移动,但会期望有一个连续的连接,而不需要用户做任何事情。扩展服务集(ESS)的概念使之成为可能。

　　图 5.4 显示了这样的情况,其中多个接入点被连接到相同的主干网。通常,这是一个有线以太主干网,但它也可能是任何其他的连接。如果所有骨干的接入点具有相同的 SSID,然后节点从一个接入点的覆盖范围移动到另一个接入点的覆盖范围,断开了与原来节点的连接重新和新的节点连接上,在此期间不会有任何断网的

情况。这就假定了它们有足够强的信号来维持在这个过程的连接。

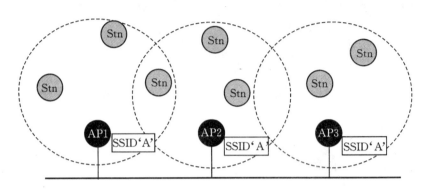

图 5.4 802.11 扩展服务集

图 5.5 显示了不同 SSID 的接入点是怎样在不同的扩展服务集中共享相同的主干网。在这种情况下,连接到 AP1 的基站可以漫游到 AP2 的覆盖范围内,但将无法无缝连接 AP3 或 AP4。

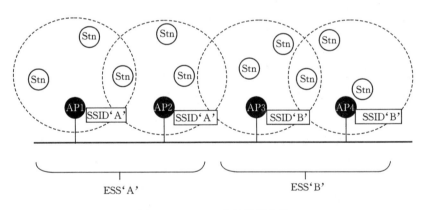

图 5.5 802.11 多扩展服务集

一个接入点可以选择隐藏 SSID,这样 SSID 就可以不被包含在骨干一起发送,有时这会被鼓励作为一项安全功能。然而,已知其 SSID 的基站(一旦它想连接到它)仍然送出未加密 SSID 的数据包,因此攻击者可以很容易地发现隐藏 SSID,这样的话提供的安全级别是最小的。

5.2.1　桥接与接入点

　　为了让 ESS 内的接入点之间漫游,接入点需要实现桥接功能,它会记录哪个站点接入到哪个接入点。这个概念示于图 5.6 中。

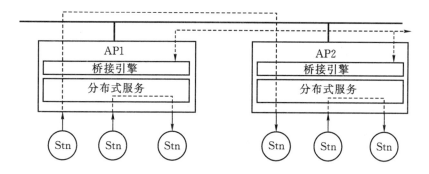

图 5.6　扩展服务集(ESS)的桥接

　　ESS 中的每个接入点需要保持所有连接在它上面的节点的信息,并共享这些信息给其他每一个在同一个 ESS 中的接入点。当一个消息从一个节点发送,接入点将使用桥接引擎转发给适当的接入点。

　　这允许基站使用联合功能来管理它们在 ESS 的 BSS 接入点之间的运动,该过程示于图 5.7 中。运动从一个接入点到另一个接入点总是由单个独立基站初始化,而不是接入点来初始化。

　　在基站移动出第一接入点(AP1)的范围的过程中,它发现了一个相同 ESS 下的新的接入点(即拥有相同的 SSID)——在这种情况下的 AP2。要更改关联性,后面序号须依次跟随。下面一章节将解释其功能的一些细节。

　　1. 基站发送重连接请求给 AP2,其中包括在旧的接入点的物理地址——AP1。

　　2. 新的接入点使用这个来检查,以确保与 AP1 该站有一个有效的与它的关联。

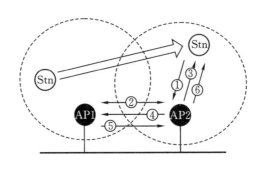

图 5.7　在扩展服务集周围移动

3. 如果确认有一个与 AP1 有效的连接,AP2 通知基站它是
   目前与自身相关联的(AP2),两个接入点更新自己的桥
   接表。

4. AP2 可以选择请求原始接入点问是否有任何缓冲数据给
   该基站。这可能是基站在低功耗模式下的情况。

5. 如果任何数据缓存在 AP1,它们将被传输到 AP2。

6. AP2 这时将发送这个数据给基站。

在漫游或重新连接序列中没有节点通过第一接入点与站点
通信,这可能会使与 AP2 建立连接之前就断掉与站点的连接,这
将导致在网络中的会话被终止。

802.11 部署了一个能够提供跨越多个接入点的分布式功能,
站点可以无缝地漫游而不需要终止并重新启动其较高的层网络
会话。部署开始时,它设想 802.11 网络将主要用于企业网络,扩
展服务集将允许员工与便携式设备自由移动围绕建设。这种做
法在第一次 WEP 的安全问题广泛宣传时受到阻挠。考虑到网络
安全的问题,企业纷纷退出 802.11。而从初始被连接到一个单一
的接入点到随后消费者采用并入到宽带调制解调技术的家庭网
络却有一个意想不到增长,它拯救了这个行业。尽管安全问题现
在已经得到解决,大部分接入点仍然有一个单一的连接到宽带链
路,漫游功能仅用在少数的接入点中。

5.2.2　802.11 服务

先前描述的拓扑结构和漫游特性由被纳入首个版本的 802.11 标准的核心特性集启用,并一直为后续版本沿用。它们被分成站点服务和分布式服务,站点服务包括设备的连接而分布式服务支持数据在网络中的移动。

5.2.2.1　站点服务

四种站点服务分别是身份验证、解除验证、加密和 MSDU 交付(MAC 服务数据单元)。它们用来实现一个站点如何链接到另一个设备并且安全地发送数据。站点服务使用点对点结构和基础结构两种网络连接。

身份验证是用来建立到试图建立连接的站点的证书的。它包含了一个两个设备的 MAC 地址简单的交换,是连接的先决条件。

在 802.11 内的"身份验证"可能或造成混淆。这项服务的原意就如上面所解释的,是与另一个节点非常简单的信息交换。它不包含随后的安全性验证,安全验证通常都是在成功的连接之后进行的(q. v.)。

解除验证是一个终止身份已验证关系的过程,它在安全网络中至关重要,是负责清除任何与这个连接有关的密钥。由于解除验证是一个最底层的服务,如果在解除验证之前没有执行断开连接的操作,在解除之后也会终止所有连接。

加密,或**保密**,包括防止窃听者窃听数据载荷上的内容。这个标准已在实际世界中经过测试,从 WEP 经历 WAP、WPA、802.11i 演变到现在的 WPA2。更近期一些的服务目前还没有应用到点对点结构连接中。

MSDU 交付:MSDU 是 MAC 服务数据单元,其任务是在网络上从传输设备传送数据到它的终点。

5.2.2.2　分布式服务

一共有五种分布式服务,被用来在网络中移动数据和将无线网络集成到一个更大的网络结构上。五种服务分别为连接、分离、重连、分布和集成。

连接是由身份验证和注册的含有接入点或点对点结构的站点引起的。这个注册被进一步采用于通过分布功能传递到其他接入点来通知它们路由访问的节点的分布式系统中。对于在分布式系统的接入点，这可以被认为是一个管理谁在哪儿的分布数据管理办法。

分离是指一个在网络中的站点从一个接入点移除其本身的反向过程。分离服务允许接入点移除它的相关数据，然后通过分布功能发送这一变化到任何认知到这一点的接入点去。

不论是因为衰弱的信号强度或者站点被关闭，分离服务都应该在移除一个站点之前执行。由于一个正式的分离服务并不能保证在任何条件下都正常进行，802.11 的 MAC 被设计为可以应付设备的"自发的消失"。从网络管理的观点看，尽可能地尝试和分离，这是一个很好的做法。

重连服务在当一个站点希望移动到一个扩展服务集中的新的站点中去时使用。重连服务经常被移动站点初始化。重连服务启动的条件没有在标准中规定，而是下放到制造商去具体实现。通常这是由当前接入点传感到一个下降的 RSSI 信号触发，伴随着在 ESS 中另一个可选择接入点的存在。然而，有些接入点可能故意移除一些站点，强迫它们重连到其他的接入点。

分布服务是一个关注传递每一帧数据的服务。从站点获得的每一帧数据都包含数据的目标地址，分布服务扮演的角色就是确保数据送达目的地。分布服务包括数据在两个接入到相同网络的站点之间传输，也包括把数据传输到一个更广泛的网络。

集成服务是一个最终配送的服务，它用来解决 802.11 无线网络没有通过另一个 802.11 网络连接的网络的问题。它提供了一个允许将 802.11 分布服务和其他服务集成的服务集合，并没有扩展到其他网路的具体情况。

源于 802.11h 的其他两种网络有时也被添加到服务集中去。

它们涉及到在 5.1 GHz 频段上传输无线电的方法,其行为需要满足欧洲要求。

在欧洲,5.1 GHz 的频带已经被预留给为人所知的 Hiper-LAN(高性能 LAN)可选择无线网络标准。这个标准已被 802.11a 超越,但是欧洲管理当局在这个频带的无线电上施加了一些行为要求以求最小化干扰,尤其是那些也被用作雷达的频带。802.11a 并没有包含这些特性,其在 802.11h 中被加入。这些要求需要在任何运送到欧洲的 5.1 GHz 无线局域网标准中实现。它们对任何实现都看作是一个好的行为,不论其目的如何。

传输功率控制(TPC)授权无线电自己监控无线链路的条件,并调节两节点设备的发射功率到一个对可靠操作足够的等级。由于两节点的接收灵敏度和接收信号质量可能不同,TPC 需要在两条链路方向上分别独立工作。

动态频谱选择(DFS)要求 5.1 GHz 的无线局域网周期性地监听频带中其他固定发射机。一旦发现这样的发射机,无线设备要能智能地将网络移动到许可范围内的一个无干扰信道。

5.3　802.11 无线通信

原始 802.11 规范专注于取代有线的 PHY 以及将 802.3 的 MAC 协议与无线相结合。初始的规格涵盖三种不同选择:红外收发器、运行在 2.4 GHz 的跳频无线电和也是工作在 2.4 GHz 的直接序列的无线电。工业界聚集直接序列电,以此作为未来改进的基础。

表 5.3 显示自 1997 年的第一个版本以来的 PHY 的演进效果。典型的吞吐量采用 TCP/IP 协议栈,如果使用 UDP 传输,吞吐量会稍高。

表 5.3　物理层的变化与吞吐量

标准	频谱 （GHz）	典型吞吐量 （Mbps）	符号速率 （Mbps）	典型范围 （m）
802.11	2.4	～0.8	2	100
802.11a	5.1	～24	54	15
802.11b	2.4	～5	11	45
802.11g	2.4	～22	54	25
802.11n	2.4；5.1	～130	600	50(在 2.4 GHz)

这些所有的变体都使用无线电传播的直接序列扩频（DSSS）技术。由于 802.11 在开放的频段工作，所以要求这个无线信号不能独占整个频带。这也是为何这些标准都可以应付来自其他无线通信的干扰的原因。

DSSS 技术能够发挥作用的前提是频带内噪声大部分将来自窄带传输的特性。为试图避免这些噪声，DSSS 使用扩频功能在更宽的频率范围内传送其信号的数据（图 5.8）。在接收端，DSSS 利用一个相关器进行反变换来重建源信号。

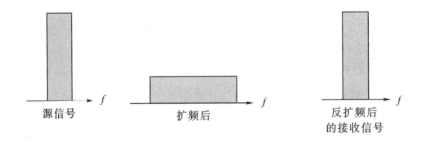

源信号　　　　　　　扩频后　　　　　　反扩频后
　　　　　　　　　　　　　　　　　　的接收信号

图 5.8　DSSS 如何工作

任何噪声到达接收器时会经过同样的反变换，其结果为噪声也会经历如接收信号类似的衰减，使得噪声降低一个数量级或者更多（图 5.9）。这一进程有效地提高了信噪比。

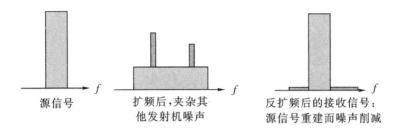

图 5.9　DSSS 的噪声抑制

　　将信号扩频的结果是其发射信号的能量会扩散到整条信道上。要控制这一点,发射器通常包括某种程度的滤波器和信号成形。由于用于编码数据的调制方案会变得更加复杂,这就进一步扩大了能量分配。当使用高功率的发射机时,它是很难包含在监管范围内的。

　　正如我们之前看到的,无线网络总会需要一个折衷。DSSS发射机不使用跳频的技术,只在一个单一的固定频率工作。它们的接收器表现出了更好的对干扰的抑制,但需要更多的带宽。所以相对于跳频的网络而言,在同一块频带内,DSSS 系统一定有较少的信道。

　　在大部分 802.11 产品使用的 2.4 GHz 频段内,这些信道带宽是 22 MHz,各自相距 5 MHz。它们从 2.412 GHz 开始至 2.472 GHz结束,依次从 1 到 13 编号。日本允许在 2.484 MHz 上的额外的第14 条信道。

　　对于可用信道的标准全球皆不相同,日本允许所有使用全部的14 条信道,但不能用于无线电使用正交频分复用(OFDM)。欧洲允许使用 1 至 13 的频带,但法国把户外使用的功率限制在 10 mW。美国只允许使用信道 1 到 11,尽管在一定条件下把功率限制提升为 1 W。

　　信道带宽为 22 MHz 及间距为 5 MHz,意味着在信道之间有相当大的交叠,如图 5.10 所示。可以看出,在美国共有 1 至 11 的信道,只有三个非交叠信道:1、6 和 11,如粗实线所示。大多数商业产品会将信道事先调整到其中的一个。欧洲有四个不交叠的信道：—1、5、9 和 13，尽管如此，大多数产品仍以信道 6 或 11 作为默认。

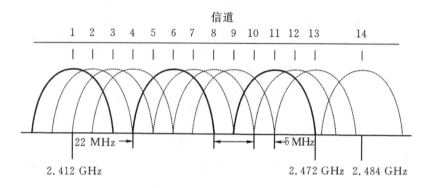

图 5.10 2.4 GHz 频谱用法

在 5.1 GHz 频带，有类似的 12 或 13 个信道在世界范围内可用，但主要优势在于信道间隔为 20 MHz，而不是在 2.4 GHz 的 5 MHz。这意味着信道彼此不再交叠，可以使用全部的信道。信道从 5.180 GHz（信道 36）至 5.320 GHz 的（信道 64）是连续的。在许多国家，在 5.745（信道 149）至 5.805（频道 161）有一个中断。越来越多的国家允许使用这整个频带，但不同国家间仍有差异。

即使受到最严格的限制，在 5.1 GHz 的 12 个基本信道为在同一个区域内可使用的 BSS 的四倍。尽管如此，大多数产品仍工作在 2.4 GHz 频段。这是因为在 802.11a 的初期，于 5.1 GHz 频带上进行通信会增加其成本且面临技术操作难题。现在，它更可能是因为与已安装的 2.4 GHz 的接入点的兼容性问题，尽管能够运行在任一频段的双模式的设计开始在基础结构中增长。虽然这是一个全世界能达到最高吞吐量的核心频带，但在这个频带上的规则各个国家之间各不相同，变化很大。

另一专用于车辆的特定变体的频带被定义在 802.11p，其使用的是 5.8 和 5.9 GHz 频谱，并且全球还没有统一。此应用目前尚未由 Wi-Fi 联盟发布，但已经被各种不同的联盟用于汽车行业的开发中。

5.4 组帧

尽管详细讨论组帧已经超出了这章的范围之外,然而对于 802.11 帧结构的一个简要的概述,是有助于理解不同的编码方案的实施和吞吐量变换的原因。如果想要了解有关编码更多的细节,推荐阅读一本非常好的 Matthew Gast 的书[8]。

802.11 传输的通用帧如图 5.11 所示。任何熟悉以太网帧的人都可识别出它的关键特性,特别是在多端地址域。正如每个短距离通信的无线电和每个服从 802 标准的设备一样,每个设备都有 48 位的地址。802.11 中头两个地址域包括最终目的的地址(地址 1)和发送设备的地址(地址 2)。另外两个域可能包含其他地址,或者额外的信息,具体取决于帧类型。

2	2	6	6	6	2	6	0—2312	4	字节
帧控制	持续时间/ID	地址 1	地址 2	地址 3	序列控制	地址 4	帧主体	FCS	

图 5.11 802.11 帧

帧类型由通用帧的第一段——控制帧决定(图 5.12)。许多其他的事情中,通用帧的这一段标识着帧的类型,不论是使用什么类型的功率管理和什么安全等级。

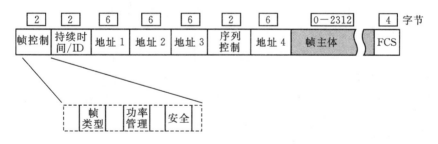

图 5.12 802.11 控制帧

通用帧的绝大部分都是帧的主题,或者说包含了通用帧承载数据的数据域,最多可以包含 2312 字节的信息。在 802.11 通常情况下使用的一个 IP 网络中,这被限制在 1500 字节,如果连接到一个 DSL 网络中可以进一步减少到 1400 字节。

在帧的末尾,一个 4 字节的校验序列被施加在该帧其余部分的内容中。这是为了检查每个输入帧确定其是否被损坏。不同于有线以太网,802.11 对于一个坏帧不包括任何形式的认知。如果帧到达后帧检测序列检测失败了,那么发送端需要等待 ACK 信号超时,这样发送端会重发整个帧。当一个连接工作在接近极限的工作范围时,这一点对吞吐量的影响重大。

通用帧的另一个重要组成部分是持续时间段。它包含了网络分配向量(NAV)的值,这是无线媒体管理接入的关键部分。

要了解 NAV,我们需要看看 802.11 无线电在没有相互间干扰的情况下如何处理接入无线媒体。如果一个站点可以随意地发送数据,那么网络密度增加,碰撞数也会增加,导致结果是吞吐量降低。为了防止这种情况发生,802.11 使用一个分布式协调功能(DCF)试图最小化碰撞概率,图 5.13 显示了它的工作原理。

(a)简单传输　　　　　　　　　　(b)RTS/CTS

图 5.13　802.11 无线接入

在传输之前,站点需要监听一小段时间以确保没有其他站点使用网络。短帧只能在预期的情况下传输,然后发射机会静等 ACK 信号,如果没有收到则重发。对于只有少数站点的轻负载网络,这没有什么问题。然而,对于监听网络通信可能是不够的,图 5.13(b)所示站点 1 想要向站点 2 传输数据,尽管它在监听是否有其他站点使用网络,但它感知不到站点 3 因为它超出了范围。这样如果站点 3 也在同一时间传输,那么这两个站点的帧会在站点

2 发生碰撞,二者的信息站点 2 都将接收不到。

　　为了克服这个问题,添加了一个 RTS/CTS 的计划,当站点 1 确信没有其他站点使用网络时会发送一个短 RTS 帧到网络中去。站点 3 虽然监听不到这些,但是它可以听到站点 2 回复站点 1 的 CTS 帧,它就知道它不能进行传输。当站点 1 收到 CTS 帧,就知道这个网络没有站点使用,它可以向站点 2 传输数据帧。

　　这带来的问题是,站点 3 怎么知道它需要静默多久? 因此又引入了 DCF,它通过在每一个帧的时间持续段中放置时间值来提供网络是否可用的指示。图 5.14 所示是网络分配矢量(NAV)。NAV 本质上是一个声明,表示站点 1 需要完成其整个 RTS/CTS/数据/ACK 事务的时间。每一个站点听到这个信息后都会设置自己的 NAV 计时器到这个时间值然后倒数计时,并且在倒数计时到 0 之前都不允许传输。

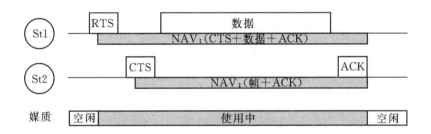

图 5.14　802.11 网络分配矢量

　　由于站点 3 处在范围之外,它一开始并不知道。为了克服这个问题,当站点 2 返回它的 CTS 分组时,分组中包含一个重新计算的 NAV 值,其中包含了剩余的传输。当站点 3 收到这个信号时就可以设置自己的 NAV 计数器了。

　　所有设备都在监听这些 NAV 值。由于每次传输都包含了一个 NAV 值,这确保任何在范围内的站点中任一站点都能知晓传输中的这些站点需要接入网络的持续时间。

　　DCF 被提供用来访问 802.11 网络,它是其中最简单也是最常见的协调功能。

5.5 调制

数据传输速率随着每个新标准版本的出现有了很大的提高。尽管如此,在同一频段工作的 802.11 产品都保持了后项兼容性,新的产品也可以与旧的一起工作。这个办法已经成为了解决在其成功尝试把不断增长的数据放入在同一帧时分组调制问题的方法。

802.11 的第一个版本使用了两个编码方案,两个方案都采用了差分相位键控(DPSK),传输信号中的数据被编码为相位差。最简单的使用每个符号传输 1 比特信息的二进制相移键控,其标称的符号传输速率为 1 Mbps。差分正交相移键控(DQPSK)每个符号传输 2 比特信息,使得每一数据帧的信息量翻倍。站点和接入点将对它们使用的传输速率进行协商,以选择一个最高的可靠传输速率。有关数据负载的开销,再加上媒体接入的限制,是802.11 设备的典型最高吞吐量只有标称符号速率不到一半的原因。

如上所述,帧产生于 MAC 层,然后用物理层汇聚过程(PLCP)打包到一个用来传输的帧中。过程中包括添加一个用来在接收端同步和对齐帧的前导序列,以及一个用来提供帧详细信息的头序列。在信号段的开头标识着 MAC 帧的编码。

如图 5.15 所示,DQPSK 只用在 MAC 数据帧,而前导序列和头序列仍旧使用 1 Mbps 的 DBPSK 格式。这意味着数据包被一分为二,因为 DQPSK 编码不适用于前导序列和头序列,而仅限于有效的数据载荷。

802.11b 在数据吞吐量方面迈出了一大步,它引进了新的编码方式将符号率提高到了 11 Mbps,这被称作告诉 PHY。协议中指定了两个不同的方案——互补码键控(CCK)和包绑定卷积码(PBCC),但是只有 CCK 是被广泛应用的。这里所要说的就是CCK 拥有更高的每符号数据位,提供了 5.5 Mbps 和 11 Mbps 的

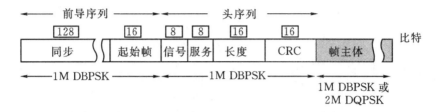

图 5.15　802.11 PLCP 帧——长前导

新的速率。

　　同样地,编码被用在 MAC 帧的内容中,从而导致了前导的开销对吞吐量的影响变得更加严重了。为了减轻这种影响,802.11b引入了短前导的概念,将 144 位的前导序列缩减一半为 72 位,随后的头序列部分使用 2 Mbps 的 DQPSK 编码(图 5.16)。

图 5.16　802.11 PLCP 帧——短前导

　　在 802.11g 中再一次用到了这个短前导,使用正交频分复用(OFDM)的编码并引入了速率扩展的 PHY(ERP)将速率增加到了54 Mbps。802.11g 可以将速率回退到 6、9、12、18、24、36 和 48 Mbps,其中 6、12 和 24 Mbps 是强制要求的,其编码的方案则直接采用802.11a 中的。

　　无线发射机的处理方式如图 5.17 中所示。被构造之后的PLCP 被传送给 DSSS 扩展器,然后通过滤波器和由编码方式决定的最终调制。对于短前导,不同的调制方式被用在前导序列和头序列。

　　如 DDS 以短的头序列编码,802.11g 也允许更简洁的 OFDM帧。然而它们不能被 802.11b 的站点接收,意味着这些站点不能提取 NAV 信息。因此,尽管事实上这种做法可以提高效率,但是只能在全部站点都使用 802.11g 的 BSS 中使用。

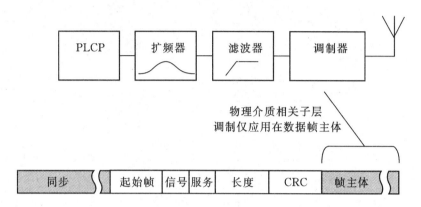

图 5.17　802.11 PHY

802.11g 后向兼容所有 802.11 和 802.11b 的编码方案。然而,这对接入点强加了一个要求,即需要支持长和短两种前导序列。根据不同的具体实现方式,也出现了接入点不是这种情况下的例子。这可能是一个站点使用了长前导,它将强迫所有其他站点也使用。更多最近在市场上出现的一些接入点只支持短前导,它们在使用超低功率的 802.11 芯片组时是会有问题的,这些芯片通过限制更简单的 1 Mbps 和 2 Mbps 的编码方案来降低功率。如果一个站点不能与一个接入点通信,或者吞吐量一直很低,这将是你调查该问题的一个很好的切入点。

5.6　5.1 GHz-802.11a

802.11a 与 802.11g 的编码方式很相近,这并不奇怪,因为它是第一个开发的并为 802.11g 提供了大量的内容。关键的差别在于,它是在 5.18 GHz 的 U-nii 频带上工作。

尽管有更多的频谱而且没有可感知的干扰,但是 802.11a 却并不流行,最主要的原因在于 5 GHz 发射机那高昂的造价,以及日益广泛增长的 2.4 GHz 接入点和公共热点被安装而产生的吸引力。不过现在开始有了变化,尤其是因为双频带 802.11a+g 芯片组的定价更为合理,这种芯片在这两个频段都可以工作。

5.7　MIMO-802.11n

802.11g 的更高阶的编码方案使得覆盖范围如预期的一样有极大缩减,如图 2.6 所示。为了增加速率的同时不会让覆盖范围进一步缩减到不可接受的程度,802.11 小组不得不改用一种不同的技术——MIMO,或者称作多输入多输出。

MIMO 指的是在每一个设备上增加天线数的技术,其中每一根天线都有自己的发射或接收电路。(这与天线分集形成对比,分集时有两根天线用于接收,但是能最佳接收信号的只有一个)从发射机或者到接收机的信号汇聚成为数个空间流,在 MAC 层,帧会被汇聚结合成多个数据流。

这样让高速 MAC 产生数据流,每个流通过自己的天线从多个发射机上传输到相应的接收机上。这种类型的 MIMO 系统被称为

(发射天线数)×(接收天线数):空间数据流

最常见的 MIMO 实现类型为 2×2。换句话说就是,发射机将两路数据流通过两根天线发射,再被另一个有两根接收天线的设备接收。发射机和接收机的配置并不需要相同,增加接收天线的数目可以提升性能,体现在接收信噪比提升上。例如,一个 2×3 的配置相比于 2×2 MIMO 会提升大约 20% 的吞吐量。当第一次连接后,设备之间会协商使用最优的配置。

为了变得更有效,特别是在接收端,会要求天线之间有几厘米的间隔。这就意味着一些小型设备比如手机,有可能只能配置 1×1 的 802.11n。

在引入了多天线的同时,802.11n 同时增加信道带宽到 40 MHz,变成了其他 802.11 协议的两倍,也缩减了帧与帧之间的保护间隔

(GI)。这些变化导致了一个令人印象深刻的吞吐量,如表 5.4
所示。

表 5.4 MIMO 吞吐量(Mbps)

数据流	调制方式	20 MHz		40 MHz	
		长 GI	短 GI	长 GI	短 GI
1	BPSK	6.5	7.2	13.5	15.0
2	BPSK	13.0	14.4	27	30.0
1	QPSK	19.5	21.7	40.5	45.0
2	QPSK	39.0	43.3	81.0	90.0
1	16-QAM	39.0	43.3	81.0	90.0
2	16-QAM	52.0	57.8	81.0	90.0
1	64-QAM	65.0	72.0	135.0	150.0
2	64-QAM	130.0	144.4	170.0	300.0
4	64-QAM	260.0	288.9	540.0	600.0

表中底部的(理论)吞吐量值高得惊人,但这不代表大多数商
用设备也是如此。实现 4 个分离的发射机和接收机,即在设备上
安装 8 根天线,是非常昂贵并且耗费空间的。在世界的很多地区,
40 GHz 的带宽信道并不被允许,而且如果使用 2.4 GHz 的频谱,
几乎肯定会遇到干扰的问题。况且这些数字只在"greenfield"的
网站中有效,其中 802.11n 在使用频带方面是唯一的 802.11 变
种。一旦其他的 802.11 系统想要连接,802.11n 就要变为可兼容
的 PLCP 帧,这样就严重地降低了吞吐量。虽然如此,20 MHz 的
2×2 MIMO 系统依旧能实现接近 100 Mbps 的吞吐量。一个重要
的额外好处是,使用多天线系统会降低多径的干扰,并提供比预
期更大范围的输出功率。

5.8　建立连接

为了形成一个网络，802.11 定义了设备之间互相连接的方法。最初的假设是用一个包含 SSID 的设备来形成 BSS。这可能是工作在基础结构模式下的一个接入点，或者是一个或多个组成一个 Ad-Hoc 网络的一部分的站点。

连接的过程总是从一个站点想要加入 BSS 开始，这可能以两种方式发生，取决于所加入站点的节能模式。

主动扫描涉及站点发送一个探查请求，即此时站点会在每一个可用的 802.11 信道上发送一个请求帧。这个请求可能是对于一个特定的 SSID，或者使用一个广播的方法引出所有范围内的 BSS 的回应。在扫描过程结束时，站点将列出一个范围内所有 BSS 及其参数的列表，它可以选择接入哪个 BSS。

被动扫描不需要加入的站点做出任何传输行为以节省能量。相反，它监听从接入点或者 Ad-Hoc 主节点发送的指示信号（BSS 中只有一个站点被允许发送指示信号）。这样的局限性使指示信号发射的周期可能会很长，所以一个站点需要监听较长的时间。因为指示信号中包含了所有开启一个连接的必要信息，因此使用被动扫描的设备可以在完成它的扫描周期后立刻启动连接过程。

5.9　功率管理

由于 802.11 网络要求一个站点接收机监听所有到来的分组，所以只要处于连接状态就会一直消耗能量。为了减小消耗，标准定义了一些或若干允许站点进入休眠状态的节能方案。所有策略都由接入点来控制，这种方式包含以下两种意思：

- 接入点本身并没有低功耗模式；
- 在站点中的低功率模式依赖于接入点中实施的高效的功率管理方法。

通过指示信号,接入点可以有效地管理接入站点的功率。接入点可以告诉站点它会在什么时候发送指示信号,并且在一个确切的时间间隔内唤醒站点,在这之前,站点都可以处于休眠状态。如果一帧数据在站点休眠时送达,那么它将被接入点缓存。当接入点下一次发送指示信号时,会添加一个数据待传指示信息(TIM)在指示信号中,其中列出了有待传输帧的所有站点。如果一个站点发现自己的地址在 TIM 中,那么它必须保持清醒以进行活动。如果没有在 TIM 中,站点将返回休眠态。有很多不同的模式被定义来决定站点需要多么频繁地被唤醒和它是否需要进入深度睡眠模式。

接入点的制造商需要考虑一系列的折衷方案。接入点有更大的缓存,就可以存储更多连接到它的站点的数据。这就意味着站点可以不太频繁地被唤醒,消耗更少的功率。这样得出的结论就是,无论站点有多么优秀的功率管理策略,它最终的性能都取决于接入点,而这通常都是未知的。

由于 Ad-Hoc 网络中要求对于清醒的目标接收者有更多的信息,功率管理是受限的。这就是说,接收者需要长时间的开启并且没有办法进入深度的睡眠态。由于几乎所有的 802.11 开发者都在开发基础结构模式的应用,因此 Ad-Hoc 在这方面非常滞后。这很有可能在 Wi-Fi Direct 中修正,给 Ad-Hoc 网络带来先进的节能策略。

5.9.1 无线多媒体的节能

Wi-Fi 联盟已经将 802.11 规范的节能特性扩展到它们的无线多媒体(WMM)节能。在 802.11 中,在 MAC 之上设备驱动有责任将设备转入节能模式。WMM 节能扩展将智能省电的控制转入了更高层的栈,因此应用程序可以命令何时和多久设备可以进入睡眠模式。尤其是在多个应用程序使用无线链路的情况下,这提供了更精细的控制,使得程序可以在较长的时间内休眠。在 Wi-Fi 联盟的报告中,使用 WMM 节能可以节约的功率在 15%～40%之间。

5.10   参考文献

[1] The Wi-Fi Alliance, www.wi-fi.org.
[2] IEEE Standards Association, IEEE 802.11LAN/MAN wireless LANS. http://standards.ieee.org/getieee802/802.11.html.
[3] IEEE 1609 Working Group, DSRC & P1609 project page. http://vii.path.berkeley.edu/1609_wave/.
[4] Car2Car Consortium, www.car-to-car.org/.
[5] IEEE 802.11 Working Group, http://grouper.ieee.org/groups/802/11/.
[6] Wikipedia, IEEE 802.11. http://en.wikipedia.org/wiki/802.11.
[7] Wi-Fi Alliance, Wi-Fi Alliance announces groundbreaking specification to support direct Wi-Fi connections between devices. www.wi-fi.org/news_articles. php?f=media_news&news_id=909.
[8] Matthew S. Gast, *802.11 Wireless Networks: The Definitive Guide*, 2nd edn (O'Reilly Media, Inc., 2005).

第6章 IEEE 802.15.4,ZigBee PRO, RF4CE,6LoWPAN 和 WirelessHART

在大多数人的印象中,802.15.4 和 ZigBee 已经基本成为了同义词。这一概念的形成在很大程度上是由于 ZigBee 联盟卓越的市场营销活动[1]。实际上,这两者被同时用来形成 ZigBee 产品;IEEE 802.15.4[2]规定了低功耗的无线电台和媒体接入控制器(media access controller,MAC),而 ZigBee 联盟在 802.15.4 标准之上规定了网格状网络堆栈。

到目前为止,使用 802.15.4 无线电台的广为人知的较高层协议栈绝不仅仅只有 ZigBee 这唯一的一种。事实上,至少存在十几个使用上述低功耗无线电台的其他标准,其中具有最大的市场使用率的标准应为 RF4CE[3]、WirelessHART[4] 和 6LoWPAN[5]。然而,在本章中,我们主要关注底层的 802.15.4 标准及 Zig-Bee——特别是 ZigBee PRO 标准。当然,我们仍然会给出上述三种即将到来的规范的简短综述。

802.15.4 无线电台如此出名的原因之一是在使用该设备时不存在许可费用或限制条件,这就导致了学校和公司倾向于利用它进行不同低功耗传感器网络的各种设计工作。使用该无线电台存在相关的风险,即不能保证已有专利不受侵害。然而,该设备的相对简洁性以及由很多不同的供应商所提供的芯片和开发工具套件的实用性意味着它可能依然是一个受欢迎的选择。如果你计划生产商用产品,专利问题就会变得很重要。对该问题的解释可以参照本书第 10 章。

如同 ZigBee 的较高层标准会为低功耗无线设备带来互通性,这对于相互合作的不同供应商扩大其产品的市场份额来说十分重要。

ZigBee 已经开发了满足上述需要的综合应用框架和配置文件。如果没有这些设计,802.15.4 不会与私有的无线电台存在明显不同。

正如所有的已经建立的无线标准一样,802.15.4 和 ZigBee 都已经经过了若干个不同版本的演进,如表 6.1 所示。

上述两个工作组有不同的会议议程。802.15.4 的议程是继续规定一系列用于低功耗设备间的廉价、低速通信的较低层使能模块。ZigBee 主要专注于开发健壮的、安全的以及易于安装的网格状网络。这一工作基于 802.15.4 规范的最初版本,该版本足以支持 ZigBee 堆栈。目前还未发现需要在 802.15.4 标准中接收任何更多新近加入的内容。

表 6.1　802.15.4 和 ZigBee 版本的发展史

802.15.4

版本	描述
802.15.4—2003	最初版本,涵盖了两种不同的 DSSS PHY,其中之一运行在 868 MHz 或 915 MHz,而另一个处于 2.4 GHz。这一版本被应用于所有 ZigBee 规范的版本中
802.15.4—2006	这是一个更新的版本,其中提高了 868 MHz 或 915 MHz PHY 的数据速率。它还包含了四种新的调制方案——三种应用于较低频带,一种处于 2.4 GHz
802.15.4a	这是更进一步的演进版本,定义了两种 PHY:即 UWB 的 PHY 以及使用线性调频扩频的 2.4 GHz PHY

ZigBee

版本	描述
ZigBee 2004	最初版本,也被称为 ZigBee 1.0,于 2005 年 6 月公开发布,现今已经弃用
ZigBee 2006	于 2006 年 9 月公布,其中引入了簇库的概念
ZigBee 2007	于 2008 年 10 月公布,其中包含了两种配置文件类别
ZigBee PRO	ZigBee PRO 是 2007 版本中的一种新型配置文件类别,并且其包含安全的附加特性与健壮性部署
RF4CE 版本 1.0	由 ZigBee 联盟在 2009 年为远程控制设备发布的新标准

6.1 IEEE 802.15.4

IEEE 802.15.4 工作组是为了开发和规定可以供各种不同的较高层协议使用的一系列廉价、低功耗的网络的层级（媒体接入控制层＋物理层）这一明确目的而成立的。该工作组并未试图详细说明这些层级的具体情况，而是把这些工作留给了不同的标准工作组，让这些工作组去根据它们的市场应用进行具体规定。目前为止最受欢迎的标准即为 ZigBee，但是上述底层无线电台也可应用于 WirelessHART、RF4CE、MiWi[6]、ISA100.11a[7] 和 6LoWPAN。6LoWPAN 是一种有趣的新型标准，原因是其使用标准化的 IP 来形成嵌入式无线网络。

802.15.4 的最初版本于 2003 年发布，其中包含三种不同频带内的无线电台，如表 6.2 所示。

表 6.2   802.15.4—2003 中规定的无线电台

频率	信道	吞吐量（kbps）	地区
868 MHz	1	20	欧洲
915 MHz	10	30	美国
2.4 GHz	16	250	全球

稍后的版本提高了 868 MHz 和 915 MHz 频谱内的数据速率，并且最近的版本——802.15.4a——增加了调制方案以便于该无线电台可以用于精确定位。该版本还引入了在许多频带中所指定的 UWB 物理层，其中包含从 6 GHz 到 10 GHz 的全球可用频谱。对此感兴趣的读者可以查阅相应的 IEEE 标准[8]。

868 MHz 和 915 MHz 的较低频率的频带具有显著的实用优势，可提供更大的覆盖范围同时消耗更少的功率，然而这些频带并非是全球化的。特别地，在欧洲实行的单一信道的限制使得这些频带对于制造商没有吸引力。其结果是几乎所有的商用产品和芯片都使用 2.4 GHz 这一选项,我们因此将进一步的讨论限制在该频率中。

在上述无线电台中针对 2.4 GHz 所采用的射频规范为直接序列扩频(direct sequence spread spectrum,DSSS),其原理在 5.3 节中已有描述。802.15.4 无线电台的原始比特率为 2 Mbps。然而,实际中该无线电台应用一种分片方案,由 32 个片段代表数据的每 4 个比特,而不是纯粹地采用上述频率去获得高的数据传输速率。这样做的效果就是将实际的数据吞吐量降为了原始比特率的 1/8,即 250 kbps。这种方法的优点是通过使用 32 个片段来代表数据的 4 个比特,可以在抗干扰的过程中获得 8 倍的增益,从而在接收相关性存在的情况下更容易将数据从噪声中抽离出来。上述处理改善了接收敏感度,因此改进了链路预算,并进一步增加了覆盖范围。

对于 802.15.4 来说,数据吞吐量通常是不相干的。低功率无线电台通常适合传输具有低延迟特性的偶然的少量数据比特,而传输大量数据通常需要电源供给或者充电电池,但这并不是设计低功率无线电规范的目的。

因为由 802.15.4 无线电台构成的网络通常包含不使用电池的节点,所以这些节点限制了它们的发射功率处于 -3 dBm 到 0 dBm之间。分片方案可以通过提供基于改进的接收敏感度的更适宜的覆盖范围来帮助该网络补偿这一缺陷。在 802.15.4 中,2.4 GHz无线电台所需要的基本接收敏感度为 -85 dBm,而当前的芯片组提供介于 -90 dBm 到 -100 dBm 之间的实际数字。

虽然覆盖范围可以通过提高发射功率来提升,但这一方式在节点仍然工作于 0 dBm 的双向系统中不起什么作用。虽然低功率节点可以侦听高功率节点所发射的传入消息,那些接收应答的高功率装置很可能距离这些低功率节点过远以至于无法侦听到这些节点发射的较弱的返回消息。

DSSS 无线电台在一个固定的频率工作。在 2.4 GHz 频带中,802.15.4 指定了 16 条信道,每条信道具有 2 MHz 宽度,间隔

5 MHz(图 6.1),信道编号起始于 11,对应频率为 2.405 GHz,终止于 26,对应频率为 2.480 GHz。较低的信道编号已经分配给了 868 MHz 和 915 MHz 频带。

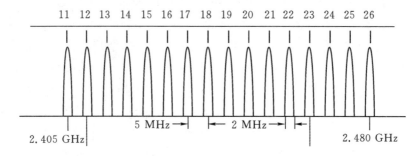

图 6.1　802.15.4 使用的频谱

　　无线电台在单一频率上运行会使得其容易受到干扰的影响,特别是如果该无线电台使用与临近的发射机相同的频率,例如一个工作在相同信道的临近的 802.11 接入点。802.15.4 提供了相应工具,允许较高的应用层在选择所使用的频率前首先委托某网络检查空闲频率,它还允许以实现频率捷变的概念为目的的应用。因此在 802.15.4 中网络可以监控频谱的状态,并且如果该网络遭受到干扰的袭击,它还可以将整个网络移动到处于频谱不太拥挤部分的一个新的固定频率上。

　　目前关于 802.15.4 和 802.11 之间干扰问题的辩论正在进行,并伴随着有关干扰是否会成为问题的矛盾分析[9,10]。在最坏的情况下,一个 ZigBee 的节点会使用一条固定信道并且与一个工作在相同信道的 802.11 接入点相邻,然后干扰就很可能会成为一个问题。然而,上述情况只是一种极端情况。因此,启用频率捷变仍然是有意义的,特别是当某一产品很可能具有很长使用寿命的时候。

6.1.1　MAC

　　802.15.4 MAC 控制通过无线电台以及扫过空间的各帧的数

据流。它被设计为可以适应许多不同的网络拓扑结构和较高层堆栈,并提供安全有保证的时隙、报警服务以及可形成一个网络的关联节点集合。它也可以为帧提供验证服务。这意味着主机只需要在相关帧到来时被唤醒。这一规范的丰富性所造成的结果就是只有其中的少部分倾向应用于任何特定的应用程序。

802.15.4 描述了两种网络节点——全功能设备(full function devices,FFD)和精简功能设备(reduced-function devices,RFD)。(这些术语最初用于 ZigBee,但是更多最近的版本使用了 ZigBee 协调器、ZigBee 路由器和 ZigBee 端点的更多的显式描述)

精简功能设备是一个简单的端节点——通常是一个交换机或传感器,或者是两者的结合。因为精简功能设备不含有路由功能,它们只能与 FFD 交流。它们经常被称为子设备,需要由家长进行沟通。由于精简功能设备不需要围绕网络进行针对消息的路由服务,因此它们的一大优势是可以长时间进行睡眠。由于工作不多,它们通常含有较小的堆栈,并能够以非常低廉的成本进行布置。

全功能设备需要在网络中完成繁重的任务。在 802.15.4 中,FFD 均可以在节点之间网络数据的路由服务。它们也可以如同 RFD 一样作为简单节点使用。根据容量,对制造商可能有意义的做法是仅制造能够被设置为扮演上述任意一种角色的节点版本。

FFD 的一种特殊形式是个人局域网(personal area network,PAN)协调器。除了标准 FFD 所具有的针对消息的路由功能之外,PAN 协调器还负责对网络进行设置和管理。

6.1.2　拓扑结构

802.15.4 网络可以采用两种结构——星形网络或者点到点网络。星形网络如图 6.2 所示。在这里,中心 PAN 协调器节点与多个不同的节点直接相连。虽然所有这些节点都可以与该协调器节点交流,但是它们彼此之间都不可以进行沟通,即使它们中的一部分是 FFD。

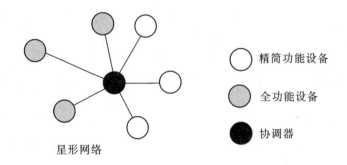

图 6.2　802.15.4 星形拓扑

　　图 6.3 给出了与图 6.2 相同分布的节点,但是在此处,PAN 协调节点已经将该网络配置为一个点到点网络。所有先前在各节点与 PAN 协调器之间存在的直连路径仍然保留,但是增加了允许 FFD 节点彼此之间进行直接交流的新连接(记为 p2p)。除了作为传感器节点之外,三个 FFD 节点中的任意一个均有与其他两个节点进行交流的能力。我们注意到,在此时不需要任意关于节点物理构造的变化,唯一的变化就是 PAN 协调器允许这些节点作为路由器而不是简单的 FFD 来工作。

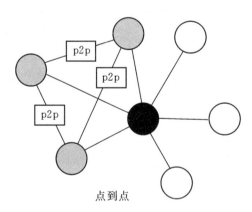

图 6.3　802.15.4 点到点拓扑

星形网络还可以与 FFD 的骨干网相连接从而构成簇树网络

（图 6.4）。每一个簇树网络需要并且只需要一个 PAN 协调器,网格状网络可以用类似的方法来生成。然而,上述方式的实现需要较高层控制相应的网络构造和路由选择。

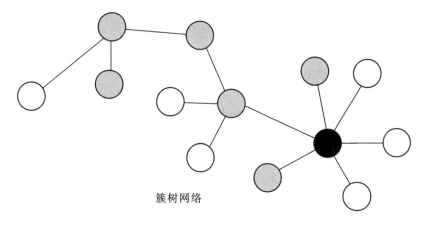

簇树网络

图 6.4　802.15.4簇树拓扑

6.1.3　组帧

　　802.15.4 规范包含四种基本的帧:命令帧、数据帧、确认帧和信标帧。

　　如果基于 802.15.4 的网络不要求 QoS,它就使用具有随机退避功能的标准 CSMA/CA 协议。CSMA 表示载波监听多路访问;CA 则代表冲突避免。当设备没有关于传输的协商时隙的时候,上述协议是网络接入的一个标准过程。CSMA 指的是这样一种需求,即单一节点希望通过侦听相应信道以观察其是否可以检测任意活动这一过程作为传输的开始。如果该节点可以检测到活动,它会设置一个退避定时器并等待该定时器到期。在定时器到期时该节点重新开始侦听,如果信道仍然繁忙,该节点就将其退避时间增大并再次等待。这一过程随着逐渐增大的退避时延而重复,直到相关设备能够接入到网络中为止。这项技术也可以称为空闲信道评估。

根据退避时间以及无线电台的设计,在这些周期内节点能够进入休眠状态以节省功率。

加入随机指数退避计时器的原因是可以使同一时间传输的不同节点避免进入这样一种情况,即这些节点经过退避后一起苏醒并试图进行传输,从而导致它们彼此之间总是处于冲突状态。

除了四种基本帧之外,802.15.4 中也包含了超帧的概念。该超帧由两个从 PAN 协调器中发射的信标帧进行定界。

该超帧在图 6.5 中绘出。因为协调器假定信标帧无条件地接入无线媒介并且不会遭受冲突,所以信标帧在传输时不引入 CSMA/CA。在两个信标帧之间共存在 16 个时隙,在这些时隙中,节点可以利用标准的 CSMA/CA 方案进行传输。多达 7 个时隙可以被配置以用于无竞争接入,在其中向节点分配以保证时隙。这些时隙的分配由 PAN 协调器完成。上述保证时隙可以被堆栈使用,以组建需要保证服务质量的网络。系统使用超帧时可以在超帧中未利用的部分选择进入网络,包括协调器的断电模式。这样做的结果就是可以生成一个节能的网络(ZigBee 中不使用超帧)。

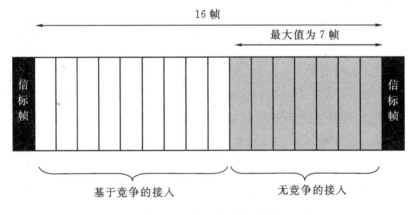

图 6.5　802.15.4 的超帧

6.1.4　802.15.4 的安全性

ZigBee 的安全性在第 3 章中已经有所论述。802.15.4 标准含有 128 比特 AES。标准提供在基带水平上使用该 AES 的协议,并且还将 AES 引擎暴露给要使用它的更高层。

802.15.4 标准庞大而复杂。要获取更多的细节可以参阅标准[8]或者查阅其中介绍它的相关书籍。我个人最喜欢的关于 802.15.4 和 ZigBee 的实际综述是德鲁·吉斯拉森(Drew Gislason)的著作[11],这是针对设计师所写的少量书籍之一。

6.2　ZigBee

ZigBee 无疑是构筑在 802.15.4 媒体接入控制层/物理层之上的最著名的网络标准。它提供网格状网络组网能力,带来了相应的冗余度和扩展范围以便于应用。

一个好的起始点是架构栈,如果你曾经深入研究标准就会对它很熟悉。该堆栈如图 6.6 所示,它的关键部分包括网络层(network layer,NWK)、应用支持层(application support layer,APS)和应用层(application layer,APL)以及它的配置文件。除了这些以外,ZigBee 的设备对象和安全管理器负责处理网络调试和安全性问题。上述方式不通过单独的各层进行工作,这样可以更容易地观察网络是如何工作的,以及发现各层是如何相互适应的。

在我们开始讨论之前,有必要回顾一下网格状网络的关键特性。ZigBee 曾经使用 802.15.4 中的术语 RFD 和 FFD,但是在更多最近的版本中,更多具有描述性和更佳定义的名称已经发展起来。每一个 ZigBee 节点都是三种节点的其中一种——ZigBee 端点(ZigBee endpoint,ZED)、ZigBee 路由器(ZigBee router,ZR)或者是 ZigBee 协调器(ZigBee coordinator,ZC)。在任意网络中可能存在任意数量的路由器和端点,但是只有一个协调器。与 802.15.4 网络不同,ZigBee 协调器在其被委托以及路由器已经设置完成路由表之后可以离开网络。然而,之后该网络便不能增加任意节点或者变更它的路由特性。

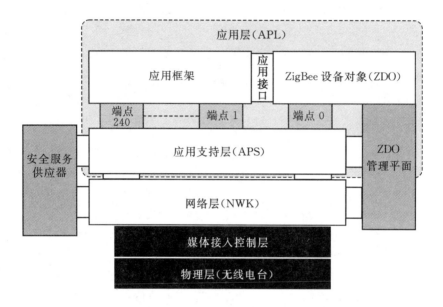

图 6.6　ZigBee 堆栈

这三种 ZigBee 节点可以按照它们能够实现的功能进行描述，具体内容在表 6.3 中列出。

表 6.3　ZigBee 节点的特性

节点	关键功能	其他能力
ZigBee 协调器	形成一个网络 作为安全信任中心	对数据包进行路由服务 允许新节点进行连接
ZigBee 路由器	对数据包进行路由服务	连接网络 允许新节点进行连接 可以进入睡眠状态
ZigBee 端点	可以进入睡眠状态 （允许电池运行）	连接网络

ZigBee 端点在它们的大部分工作时间内都处于睡眠状态。它们经常被看作子节点，需要父亲节点——路由器或是协调器与

它们交流。由于端点的低功率,它们经常由电池供电:一个精心设计的 ZigBee 端点的一节 AAA 电池可以运行很多年。ZigBee 端点不能够向其他节点提供数据的路由服务——它们只能和自身的父亲节点进行交流。如果这些父亲节点消失或是移动到覆盖范围之外,这些端点有能力找到并连接一个新的父亲节点。

与此相反,路由器和协调器通常总是处于工作状态,准备接收数据包并且处理这些数据包或将它们转发到它们的最终目的地。当网络利用信标帧启动定时功能时,路由器可能会处于睡眠状态。

网格状网络的拓扑结构如图 6.7 所示。乍看起来其与我们已经在 802.15.4 中观察过的点到点网络拓扑结构相似;然而,其中存在细微但重要的差异。最大的一个差异在任何一幅类似图 6.7 的示意图中都是看不出来的,但是其隐含在 NWK 层所提供的网络组网能力中,即消息可以在发送和接收节点间通过多路路由进行传输。图 6.8 显示了其中可能的若干路由,通过它们,数据可以在端节点 E 和协调器 C 之间行进。

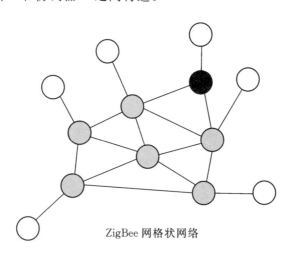

ZigBee 网格状网络

图 6.7　ZigBee PRO 网格状网络

网格状网络可以动态地适应消息的路由选择,因此如果有一

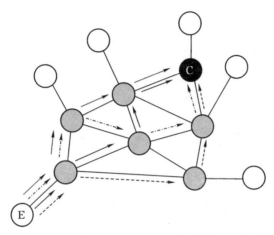

在 ZigBee PRO 中,发送和返回的路由可能不同

图 6.8 网格状网络中的多路路由

路的路由消失,或者由于各节点位置的改变,某个路由节点或干扰引起的性能损失而使该路路由变得不再有效时,网络可以找到替代的路由。与此相反,我们所观察到的其他网络会慢慢停止工作,并且充其量地提醒用户有必要进行维修。这就显示出了网格状网络极好的可靠性。这种可靠性是以该网络设置的复杂性为代价而换取的。ZigBee 所能完成的大部分工作已经放入相应的生产工具集中,以使得其对网格状网络的调试和维护变得更容易。

6.2.1 ZigBee 和 ZigBee PRO

在讨论 ZigBee 网络的运行方式之前,有必要解释一下 ZigBee 2007(通常只称为 ZigBee)和 ZigBee PRO 之间的差异。以上两种标准均包含在 ZigBee 2007 版本中。

ZigBee 主要针对具有有限处理能力和内存的小型设备而设计,因此重要的一点是其堆栈很小。然而,上述特点与网格状网络的拓扑结构复杂性和安全性相冲突。在 ZigBee 的演进过程中,我们可以明显发现针对网格状网络的一些可取的特征并没有实现,但是它们很有可能会提升堆栈的规模。

　　ZigBee 联盟并不是仅提出单一的标准,它实际上发布了两种标准——ZigBee2007 和 ZigBee PRO。ZigBee PRO 整合了 ZigBee 2007 中没有提及的一些主要增强功能,其中最重要的几项是:

- 网络中的最大跳数由 10 增加到 30。为达到这一目标,采用了一种新的随机寻址方案。
- 支持多播功能,允许一个节点发送消息到预先设定的一组目的地。
- 引入了源路由选择机制。这种技术允许协调器或路由器为新的消息而请求多个路由器寻找并暂时记忆一路的路由。因为这是一种动态技术,它减小了路由器节点所需要的路由表的规模。这使该技术实际可以支持更大的网络而不必要在每个路由器中预备巨大的内存开销。
- 非对称路由。这项技术允许消息的确认信息可以沿着与原始消息不同的路由进行传送。该技术特别适用于两个节点之间链路预算不对称的情况。没有这项技术的话,网络很可能只能向一个方向传送消息,而向另一个方向则无法进行传送。
- 网络能够支持的总的设备数量从 31 101 上升到 65 540,即使这只可能引起学术上的兴趣。
- 标准中增加了高安全性的要求。这就意味着应用层可以支持链路密钥的使用。

　　网络支持 ZigBee 2007(或者更早的版本)还是 ZigBee PRO 取决于堆栈配置的具体数值,当其被设置为 0x02 时支持 ZigBee PRO,设置为 0x01 时则支持其他版本。

　　ZigBee 2007 和 ZigBee PRO 相对于早期的版本都含有重大的改进,特别是它们都支持频率捷变。这项技术可以使得整个网络在检测到干扰后移动到另一条信道上。我强烈建议在任意设计中强制引入该项技术。

　　由于路由技术存在差异,ZigBee PRO 和 ZigBee 2007 之间不存在充分的向后或向前兼容性。ZigBee PRO 路由器不能在 Zig-

Bee 2007 网络中作为路由器使用,但是可以按照 ZigBee 端点的方式工作。相反地,ZigBee 2007 路由器只能在 ZigBee PRO 网络中作为端点而存在。我们发现这是行业界标准化 ZigBee PRO 以及在市场中提供产品互通性的另一个理由。

当两种不同的版本都以相同的用途作为目标时,设计师需要决定具体使用哪一种。一些与 ZigBee 相关的公司建议将 ZigBee 2007 用于具有有限能力的设备上——通常是针对消费者市场的设备——而 ZigBee PRO 则用于更多的专业产品中。我认为有理由在所有的设计中应用 ZigBee PRO,除非你工作中所处的生态系统已经与 ZigBee 2007 合并。ZigBee PRO 中增强的安全性以及其他增强功能意味着它是一种具有更好健壮性的规范。在该领域内,增加的成本应该高于由该规范的可靠性造成的消耗。现在一些应用配置文件授权了高安全性方式的使用,因此 ZigBee PRO 可以应用于这些地方。

ZigBee 2007 和 ZigBee PRO 的基本哲学仍然是相同的。在后面的讨论中,除非另有说明,示例均采用 ZigBee PRO。

6.2.2 ZigBee 网络

网格状网络具有与其他网络不同的特征。大多数其他的网络通常情况下在某一时间仅支持设备之间唯一的一路对话,尽管该特征经常隐藏在复用链路之下。与此相反,网格状网络可以被更好地形象化描述为云资源,其中不同对的节点可以进行并发的对话。从概念上来说,这是共享相同基础设施的多个独立链路的集合。虽然该集合作为一个完整的实体被生成和调试,但是一旦它开始运行,这些分离的链路常常还是彼此独立的。网格状网络所提供的是冗余的共享连接媒介。

网格状网络如何运行的基本概念是很简单的,这与地址和路由有关。为了使得这一概念更实际,网格状网络需要规定可靠的方法,这些方法决定了当信息传递涉及多跳时,数据和命令是怎样从一个节点传送到另一个节点。

　　试图解释上述内容远非那么简单。其中一种接近答案的途径是通过了解寻址的不同层次和每个节点提供的服务来获取的。我们将从这里开始叙述,然后描述这些具有图 6.6 所示的堆栈架构的节点是怎样连接的。

　　每一个 ZigBee 网络由一些在同一无线电频率或信道上共同运行的节点组成。这种网络就是我们所熟知的个域网(personal area network,PAN),并且分配了一个 PAN 的 ID。ZigBee 允许最多 16k 不同的 PAN 的 ID,范围从 0x0000 到 0x3fff。PAN 的 ID 通常是一个随机数,当网络首次设置的时候生成。私有的 PAN 的 ID 允许进行专门的应用,其中制造商可以指定一个 64 比特的扩展 PAN 的 ID(extended PAN ID,EPID)。

　　由于 ZigBee 在 2.4 GHz 带宽中支持 16 条信道,在相同的物理空间中可以存在若干个运行在不同信道的网络。在 ZigBee 的早期版本中,根据以前对频率捷变的介绍,存在运行在不同固定信道中的网络使用相同 PAN 的 ID 的可能性。这如今已经不再被允许出现。目前没有能够防止多个网络存在于同一信道的方法(图 6.9),但这明显增加了干扰发生的风险,因此最好能避免这一情况出现。

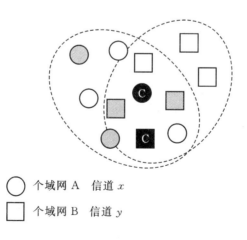

图 6.9　重叠的个域网

网络所需的信道被分配到网络建立的点上。用于创建网络的协调器节点首先侦听每条信道以发现目前哪些信道具有活动性(这些信道可能不具有 ZigBee 活动性)。然后,它发送一个有源探头给目前存在于每个信道中的任意 ZigBee 网络,目的是确定究竟有多少网络运行于每个信道。利用这些信息,它选择那条含有最少 ZigBee 网络的信道并首先给予该信道优先权,其次是给最安静的信道。一些应用配置文件可能实行不同的准则。优先选择信道 15,20,25 和 26 并非经常出现的情况,因为这些信道配置在大多数 Wi-Fi 接入点的默认信道之间。

每个 PAN 中的节点接入网络时都分配了一个短的 16 比特网络地址(network address,NwAddr)。网络中的 ZigBee 协调器的 NwAddr 总是 0x0000。在一个真正的网格状网络,即 ZigBee PRO 网络中,当协调器接入网络时其 NwAddr 是随机分配的。在 ZigBee 2007 以及更早的版本中,其施行簇树网络,而协调器位于树根位置并且其 NwAddr 为 0x0000。然后,ZigBee 路由器的地址从 0x0001 开始分配,而 ZigBee 端点的地址从 0x0796 开始分配。

NwAddr 允许 PAN 的设备在不超过完整 64 比特的 MAC 地址开销的情况下进行地址分配。然而,所有设备都需要保留表示 MAC 地址到 NwAddr 的交叉引用的表格。这种方案允许网络应对某一设备从其父亲节点断开并需要重新接入网络的可能性。如果这一情况发生,该节点将被分配一个新的、不同于原来的 NwAddr。然后,该节点需要提醒网络中的其他所有节点注意这个变化,以便它们能够更新其表格信息。

节点集可以分配到各组。这种方式允许广播消息的传送并且在多个节点发挥作用。一种广播的典型应用即为一个开关打开了多个不同的灯具。上述这些就给我们便利地带来了两种主要的消息模式——广播和单播。

6.2.2.1 广播消息

广播用于向多个不同的节点传送相同的消息。这些消息被所有节点接收到,但是只在含有相关消息的节点中起作用。广播也可以配置为只向具有苏醒状态的节点传送消息(这意味着这些消息不必由那些子节点处于睡眠状态的父亲节点进行缓冲),或者限定为只向路由器传送消息(加上协调器)。广播是一种向多个设备同时传送数据的强大方式,但是同时也会伴随着一些限制条件。

第一个限制条件是广播不能够被确认。这是任意广播传输的一个标准特征——如果每一个收到广播信息的设备都试图回应,网络将出现超负荷的情况。第二个限制条件是如果广播被过度使用,就会造成网络阻塞。为了解决这个问题,用于广播的最大跳数可以设置,从而限制其可以通过网络传播的距离。

6.2.2.2　单播消息

相对地,单播是传送到特定的、唯一的 NwAddr,并且通常是设备上的某一个特定端点的消息。该消息允许目的设备进行确认。

6.2.2.3　多播消息

ZigBee PRO 也支持多播,其为广播的一种,只将消息传送给某一特定组的成员。多播使用一种由路由发起的更有效的转播方法,该方法限制它们的路由通路是到达组内成员的。其中散布在整个网络中的一个组和一定数量限制的中间节点可以被指定。

广播本质上是缓慢的。根据经验来说,单播消息需要约 10 ms 在网格状网络的两个节点之间传播。只要一台路由器接收到该信息,它就会查找消息的下一个目的地并传送该消息。因此,一个单播消息经过 10 个节点的传送将需 100 ms 左右到达。与此相反,当一台路由器接收到广播,它需要检查自身是否已经接收过该消息以及该消息已经走过了多少跳。如果路由器确定了这些信息,它需要转发该消息,然后把该消息加入其广播事务表(broadcast transaction table,BTT)并重播该消息。这是一个相当漫长的过程,它意味着利用广播通过十跳传输一个消息可能需要接近或十倍于一秒。如果一台路由器接收了过多广播,这些消息可能超过其 BTT 的容量,因此广播应当被谨慎使用。

广播还可被用于一个 ZigBee 网络的基本管理中,特别是确定路由时。ZigBee 利用基于公共先进的 Ad-Hoc 按需距离矢量路由算法(Ad-Hoc on-demand distance vector-routing algorithm, AODV)[12]来进行路由确定工作。当网络形成时,它不含有关于不同节点相对位置的知识。因此,当一个节点希望沟通另一个节点时,它需要使用一个路由发现过程。

6.2.2.4 路由发现

路由发现起始于当发送节点将广播消息发送到其预期的目标时。在图 6.10 中,节点 A 希望找到一条路径到节点 B。在接收信息的每一个路由节点中,路由器计算"路径成本",即与先前链路的质量有关的数值。路由器将该信息加入数据包中并在一个随机时延之后转发该数据包。每个路由器也在其临时路由发现表中保有该路由的细节。随着该消息穿越它的路由,每个路由器基于链路质量增加路径成本。节点 B 将最终接收这些通过不同路由到达的数据包,并查看哪一个具有最低的累积路径成本。最

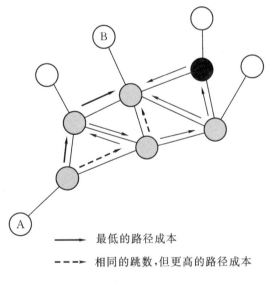

图 6.10 路由发现

低的路径成本可能常常不对应于最少的跳数。具有良好的链路预算的三个短距离的跳跃路径可能要好于具有差的链路预算的两个长距离的跳跃路径,因为后者将包含多次重试。

节点 B 随后利用单播消息回传具有最低路径成本的路由的细节到节点 A。沿着该路路由的路由器更新它们的路由表以便它们可以在未来的场合将数据包发送到该节点。不在该路路由上的路由器将从它们的临时路由发现表中抛弃相关信息,并不会更新它们的主路由表。注意,ZigBee 端点不会参与这一过程,它们的父亲节点会为它们做这项工作。

在除 ZigBee PRO 的所有 ZigBee 版本中,路由选择都是对称的。换句话说,穿行于两个节点之间任一方向的数据包都通过相同的路由。在 ZigBee PRO 中允许消息经过不同的返回路由。这样可以对两节点之间的链路预算不对称的情况有所帮助,而如果两节点具有不同的发射输出或接收敏感度,该情况就可能发生。作为一般规则,将 ZigBee 网络中的所有节点都设计成具有相同发送输出和接收敏感度是一种很好的方法,否则你寻找到的节点可能只能向单方向进行通信。一旦发现有这种情况,相同的路由就会一直保持直到其失效,或者申请强制执行一个新的路由发现过程。

因为路由发现所需的广播消息具有相当的资源密集度,所以一种好的做法就是委托设备在某一段时间只有一部在运行,以防止网络出现过载的情况。如果网络定期地允许其他设备接入,广播还需要资源用来保持其自身的更新。保持路由表的更新是消费类产品中的一个重要考虑因素,需要其运行自动并简单明了。

6.2.3　ZigBee 配置文件和应用

网格状网络通常包含不同设备的混合,这些设备需要分享彼此的信息,或者可能通过网关进行传输。许多这样的设备在典型情况下是电池供电的,并具有有限的硬件处理能力,因此需要找到一种有效的途径来规定它们如何执行自身功能以及其应与谁进行通信。ZigBee 通过组织涵盖产品生态系统的通用的应用配置文件来对该方面进行管理，上述这些又反过来利用 ZigBee 簇库来规定个别的和公共的行动。

在每个 ZigBee 设备中，端点规定能够执行的应用过程（不要与一个 ZigBee 端点设备混淆）。每台设备最多可拥有 240 个端点，编号从 1 到 240，并且每个端点包含它可以执行的应用过程的相关信息。将端点看做节点内的一个子地址是很有用的，因为它是命令生成或消耗的最终目的地。每台设备中的端点 0 作为 Zig-Bee 设备对象（ZigBee device object，ZDO）的端点，其负责将设备接入网络，并指定这是哪一种 ZigBee 设备（协调器、路由器或端点）。ZDO 通过使用特定的 ZigBee 设备配置文件（ZigBee device profile，ZDP）对上述问题进行处理。

回到设备的端点问题，每个端点含有三个关键项目：

- 配置文件 ID，该 ID 规定端点支持哪些 ZigBee 应用配置文件。
- 簇 ID，该 ID 规定端点使用 ZigBee 簇库中的哪个簇。
- 设备 ID，该 ID 规定了应用过程所代表的物理实体，例如电灯开关或恒温器。

上述核心概念是 ZigBee 簇库或 ZCL。ZCL 是许多应用过程所使用的共同行动的一个列表。其中包含的行动有开关、时间、温度等。每个簇含有一个通用的唯一标识符（universally unique identifier，UUID）。所有含有该 UUID 的簇将以相同的方式实现特定的功能，无论它们正在使用的是哪个公共或私人的配置文件。

每个簇含有一个预定义的属性编号，编号具有自己的 ID，虽然这个 ID 不像簇 ID 一样通用，但是其意味着特定的簇。表6.4 中给出的例子表明了这样的结构。

属性编号通过空间发送并确切地规定这一属性究竟起什么作用，就像 ZCL 规范中所规定的那样。为了使规定清楚明白，多个属性被分为若干相关联的功能集合。每个集合由起始的 12 个

属性比特来表明,并被称为属性集。在表 6.4 的例子中,针对基本
簇的起始的两个属性集是从 0x0000 开始的基本的设备信息,以
及从 0x0010 开始的基本的设备设置。对于设备温度配置的例子
来说,属性集是从 0x0000 开始的设备温度信息,以及从 0x0010 开
始的设备温度设置。

表 6.4 ZigBee 簇的示例

簇 ID	0x0000	基本簇	
	属性 ID	0x0000	ZCL 版本
		0x0001	应用版本
		0x0002	堆栈版本
		0x0003	HW 版本
		0x0004	制造商名称
		等等	
		0x0010	位置
		等等	
簇 ID	0x0002	温度	
	属性 ID	0x0000	当前温度
		0x0001	最低温度
		0x0002	最高温度
		等等	
		0x0010	温度报警掩模
		等等	

ZigBee 配置文件规定了生态系统中的设备,指定了每一台设
备必须支持哪一个簇。配置文件必须理解和执行所有设备所支
持的簇以确保其互通性。我们在这个例子中碰到的设备 ID 提供
了一个端点的身份认证,它可以用于调试工具,并允许该应用显
示最终用户信息以引导其过程。

伴随着 ZigBee 簇库以及寻址和路由选择的知识,我们可以开
始将 ZigBee 模型整合到一起了。设置在网络层(NWK)之上的应
用支持层(APS),是使得多种应用能够彼此交谈的一层。

APS 检查从 NWK 层传递上来的每个数据包并过滤掉那些不合适的,然后将有效的数据包传送至相关的端点或端点组。它负责为多跳单播消息产生 ACK,它还运行用于建立设备之间应用链路的管理任务:

- 它保持了**本地绑定表**。该表提供两台设备上的端点之间的链路,这些链路是单向的并储存在每条链路的发送节点中。每个入口都包含源端点、目的地的 NwAddr 以及端点和它的簇 ID。
- 在适当的情况下,它保持了**本地组表**,其中列出了设备中的哪些节点属于这一组。
- 它保持了目标网络地址和与它们相关的 MAC 地址的**地址映射**。当一台设备离开网络并采用一个新的 NwAddr 重新接入网络时,这个表格在设备广播其新 NwAddr 的过程中进行更新,并允许端点之间的通信以延续其不间断性。

绑定的过程不是强制性的。交互信息可以被直接发送,然而如果利用绑定的话,部署和维护一个网络会变得更加简单。

作为总结,图 6.11 提供了 ZigBee 体系结构的不同层如何构建某一点的信息化水平的高度简化的表示,这一点即为一个电灯开关知道家庭自动化网络中的一个灯泡和插座的区别,并了解如何控制正确的灯泡。

值得强调的是,对于其他无线标准来说,其配置文件中的 ZigBee 的概念要更加广泛。ZigBee 联盟撰写的配置文件涵盖了设备的完整生态系统,而其他标准一般只规定适用于特定应用过程的配置文件,例如蓝牙耳机或打印机。

两个在写作的时候就已经被公布的公共配置文件是涵盖了照明,加热、通风和空调(heating,ventilation and air conditioning,HVAC)设备的家庭自动化配置文件,以及涵盖了智能电表、显示器和电器的智能能源配置文件。ZigBee 只含有少量的配置文件,但是这些配置文件通过利用与它们配套使用的 ZigBee 簇库取得

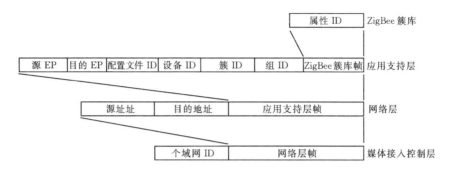

图 6.11　ZigBee 的简化分层帧结构

范围更广阔的适用性。

6.3　ZigBee RF4CE

ZigBee RF4CE 是 ZigBee 联盟为远程控制设备所制定的标准,主要应用于家庭音频和视频商品市场。它的目的在于为传统的红外线遥控器提供替代品,同时带来了以下优势:

- 双向数据传输,以便使遥控器可以接收来自它们的目标设备的信息;
- 有所增长的安全性;
- 令单个遥控器处理多个目标设备的能力。

如同 ZigBee 一样,该标准基于 802.15.4。虽然具有了很多 ZigBee 标准的特征,RF4CE 还是一个简单得多的堆栈,这使它能够被应用于很低成本的遥控器中。其总体架构如图 6.12 所示。

为了降低复杂度,所有工作都在网络层完成,并且不需要 ZDO 或者 APS。虽然 RF4CE 标准是由 ZigBee 联盟制定的,但是上述特征意味着 RF4CE 设备不能与 ZigBee 网格状网络的设备兼容,即使它们共存于同样的无线空间之中。

有关 RF4CE 的更多信息可以在 ZigBee 联盟所发布的规范和白皮书中找到[3,13]。

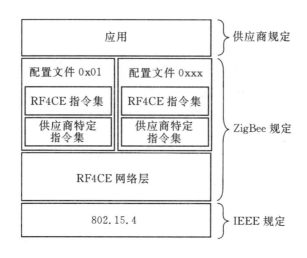

图 6.12　RF4CE 架构

6.4　6LoWPAN

　　另一种引人注意的 802.15.4 网络是 6LoWPAN。这一名称是"IPv6 在低功耗无线个域网（IPv6 over low-power wireless personal area networks）"的首字母缩略词。6LoWPAN 的概念很简单——将 IP 直接带入到小型的、低成本的传感器设备中。需要承认的是,世界上现有的 IP 格式地址不足以扩展应用到"物联网"中,因此 6LoWPAN 应用的前提是 IPv6,目标是给每一台设备都分配一个地址。

　　上述目标衍生了一个问题:如果一组 40 字节的 IPv6 地址被放置在一个 127 字节的 802.15.4 帧中,这样就只剩下珍贵的少量空间去放置任意有效载荷了。为了避开这种情况,6LoWPAN 网络层使用无状态地址压缩技术从而将该地址减少到几个字节。

　　6LoWPAN 堆栈(图 6.13)指定 UDP 而非 TCP 作为传输层,从而进一步限制数据包中不必要的混乱。这样做的结构就是生成了一个非常紧凑的堆栈,其显著小于一个 ZigBee 网格状网络的堆栈。

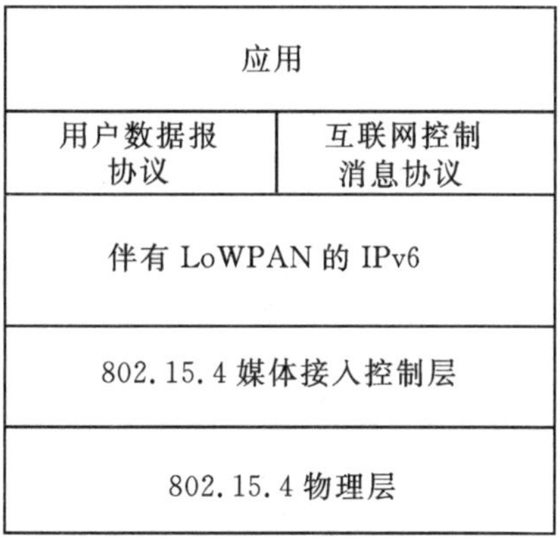

应用	
用户数据报 协议	互联网控制 消息协议
伴有 LoWPAN 的 IPv6	
802.15.4 媒体接入控制层	
802.15.4 物理层	

图 6.13　6LoWPAN 架构

6LoWPAN 正在被因特网工程任务组(Internet Engineering Task Force,IETF)逐步开发为一种开放式的标准。该工作还处于早期阶段,但是其已经吸引了相当多的关注,主要原因是它承诺可以很容易地将现有 IP 网络扩展到个体的传感器节点当中。它在智能能源和智能电网运动方面的应用引起了大家极大的兴趣,其中的 IP 连接被美国国家标准与技术研究所(National Institute of Standards and Technology,NIST)[14]视为一项重要优势。因此,ZigBee 的智能能源标准的下一代版本中很可能包含 IP 连接的内容也就不是巧合了。

6LoWPAN 规范可以从 IETF 网站上下载。该工作组生成了两个文件,其中规定了应用及适应层[15,16]。

6.5　WirelessHART

另一种引起大家注意的 802.15.4 标准是 WirelessHART[4]。这是一种更加专业的标准,应用于工业和程序控制,并在其中将无线连接的内容加入到已有的有线 HART 标准中。

与 ZigBee PRO 类似,WirelessHART 是一个功能齐全的网

格状网络,包括现场设备(传感器节点)、网关和负责配置与维护网络的网络管理器。

因为 WirelessHART 所做的设计是为了连接到结构化的 HART 协议中,所以其中的所有传输过程都发生在预先调度好的时隙中,并在设备之间采用同步通信的方法进行传输。这也使得它能够在自动的、协调的、有跳跃发生的信道条件下实现信道跳变,从而增加它对干扰的抗性。其结果就是,它可以规定传输的 QoS,这对过程控制的应用而言相当重要。

虽然 WirelessHART 针对专业的市场部门,那些利用有线 HART 协议而部署的设备的数量还意味着它代表了一个庞大的 802.15.4 市场。许多芯片供应商都相信,到 2012 年,它所负责的 802.15.4 的出货量可能高达总量的三分之一。

6.6 参考文献

[1] ZigBee Alliance, www.zigbee.org.

[2] IEEE WPAN 802.15.4 Task Group 4, www.ieee802.org/15/pub/TG4.html.

[3] ZigBee Alliance, Zigbee RF4CE specification. www.zigbee.org/ZigBeeRF4CESpeciification/tabid/464/Default.aspx.

[4] WirelessHART, www.hartcomm.org/.

[5] 6LoWPAN Working Group, www.ietf.org/dyn/wg/charter/6lowpan-charter.html.

[6] David Flowers and Yifeng Yang, MiWi wireless networking protocol stack. www.microchip.com/stellent/idcplg?IdcService=SS_GET_PAGE&nodeId=1824&appnote=en520606.

[7] ISA, ISA100.11a, Release 1: an update on the first wireless standard emerging from the industry for the industry. www.isa.org/source/ISA100.11a_Release1_Status.ppt#349.

[8] IEEE Standards Association, IEEE 802.15 wireless personal area networks. http://standards.ieee.org/getieee802/802.15.html.

[9] Z-Wave Alliance, WLAN interference and IEEE 802.15.4 (2006) www.zen-sys.com/modules/iaCM-DocMan/?docId=84&mode=CUR.

[10] ZigBee Alliance, ZigBee – WiFi coexistence (2008) www.zigbee. org/imwp/idms/popups/pop_download.asp?contentID=13184.

[11] Drew Gislason, *Zigbee Wireless Networking* (Newnes, 2007).

[12] C. Perkins, E. Belding-Royer and S. Das, Ad hoc on-demand distance-vector (AODV) routing (2003) http://tools.ietf.org/html/rfc3561.

[13] ZigBee Alliance, Understanding RF4CE (2009) www.zigbee.org/imwp/idms/popups/pop_download.asp?contentID=16212.

[14] Report to NIST on the smart grid interoperability standards roadmap: priority action plans – illustrative versions (2009) www.nist.gov/smartgrid/PAP_Combined_WorkshopFinalV1_0a_20090730.pdf.

[15] *RFC4919 – IPv6 over Low-Power Wireless Personal Area Networks (6LoWPANs): Overview, Assumptions, Problem Statement, and Goals.*

[16] *RFC4944 – Transmission of IPv6 Packets over IEEE 802.15.4 Networks.*

第7章 智能蓝牙(前身为低功耗蓝牙)

智能蓝牙,也就是被广为人知的低功耗蓝牙,是最新的无线标准。虽然由蓝牙技术联盟制定,但相比于我们在第5章中提到的技术,它是一种在工作机制和实际应用方面都完全不同的无线标准。因此,我们将其独立一章进行讲述。

低功耗蓝牙技术本身与现有的标准的蓝牙芯片并不兼容——它是一种全新的无线技术和协议栈。由此技术开发一些应用,例如运动设备和手表的通信,需要在两个终端上都使用低功耗蓝牙芯片,但是都无法和已有的普通蓝牙芯片进行通信。在这些端到端的应用中,它与其他一些私有的低功耗的技术并非类似,例如ANT[1]。它的不同之处在于,这种标准下可以设计支持复用的蓝牙到低功耗蓝牙通信的双模芯片,由此,赋予了这种技术很大的潜力。它将在现今的移动电话和个人计算机中取代蓝牙芯片,与现有的蓝牙外围设备以及新一代专用的蓝牙低功耗产品一起,建立以十亿数量级的设备组成的基础实施。如此数量巨大的需求,将大大降低设备厂商的成本,同时将产生一个蓬勃的生态系统以建立产品设备间的连接。

低功耗蓝牙技术有着悠久的历史。标准的最初形式由诺基亚提出,作为早期802.15.4开发标准的一个替代的提案[2]。但是,当时它并没有被选中。然而其还是以一个私有的名字Bluelite来作为一种低功耗无线电技术得到了继续研发。在2006年10月,它得到数个半导体技术厂商和设备商的支持,作为Wibree标准被公诸于世。次年夏天,这项标准的拥有权和开发从诺基亚转移到了蓝牙技术联盟(Bluetooth SIG),改名为超低功耗蓝牙技术。在2008年,它又一次被重命名,称为低功耗蓝牙,并于

2009 年 12 月得到公开发行[3]。2011 年 10 月,蓝牙技术联盟再一次对其进行了重新命名,创造了"智能蓝牙"这一新的品牌名称。而作为基础的标准并未改变,因此我们将继续使用"低功耗蓝牙"这一名称。

移动电话厂商们开发低功耗蓝牙技术的源动力在于,它们希望将手持设备上的应用拓展到人体传感器上,比如健康设备、运动设备、手表以及身份标识等。所有这些都需要在一个纽扣电池上工作数月甚至数年。尽管传统蓝牙产品的功耗已经很低,但是由于其快速跳频、连接导向的行为以及相对复杂的连接步骤,仍无法满足如此极端的要求。而且,仅仅通过修改现有技术,也是不可能实现上述的超低功耗需求的。只能开发一种全新技术,使它能够与蓝牙技术共存,同时从连接导向的协议转向能够使得设备大部分时间都处在休眠状态的协议。

其他一些实用性方面的限制也造就了低功耗蓝牙标准。移动电话厂商并不希望在其设备中加入新的无线技术,因为在手持设备中开辟空间以加入新的天线代价很大。因而,任何新的无线技术不得不与现有的无线技术共生存在,这样就无需引入新的模块。低功耗蓝牙技术所用的策略是,采用双模芯片以利用蓝牙无线技术的结构,以同时支持这两种标准。连接到芯片上的低功耗设备仅仅使用低功耗蓝牙的特性。这样就能够支持低成本的超低功耗应用产品。因此,移动电话厂商能够在无需额外成本的条件下,在其设备中实现新的无线标准,同时也向针对手持设备的各种各样的低功耗附件的应用敞开了大门。我们将在讲述了低功耗蓝牙的基础部分后关注这种双模架构。

7.1　基本原则

现有无线标准中,很少有幸运的如低功耗蓝牙一样,标准文件大部分简洁得仅仅只有几张纸而已。尽管被限制于必须建立在双模蓝牙芯片上,它仍然能够独立做出决定并在几个重要方面带来益处。这些将很好地解释标准的结构和开发，包括低功耗的实现原理。

7.1.1 小数据包

发送在空中接口的低功耗蓝牙数据包很小，从 10 个八位字节到最大 47 个八位字节不等，包括了数据和命令。这些小数据包是经过优化的简明扼要的信息数据块，典型地如单次测量信息或者控制命令。利用如此小的数据包意味着仅仅包含有很少的控制信息，这样使得它们不同于现有的大部分标准，只限制它们进行很少几个任务。简单地说，所有低功耗蓝牙技术发送的不同数据包仅仅基于一种基本格式。

小数据包导致的一个后果是，低功耗蓝牙无法高效传输大量数据，无论是以文件的形式还是重复发送的信息片段。它被设计用于间歇传输事件。如果需要传输大量数据，可以利用其他的无线标准高效地完成任务。

7.1.2 自治控制器

降低功耗的关键技术之一即是使得设备尽可能地保持休眠，在低功耗蓝牙技术中是让控制器(无线端和 MAC 层)尽可能地保持自治。这样一来，当需要的时候，仅需更高级的宿主层保持活动。这意味着设备的大部分电路能够在大多数的时间里保持深度休眠。控制器包含了一个连接白名单和过滤器使其能够无需宿主控制器干预地丢掉重复数据包。

7.1.3 任务周期和时延

正如我们在第 2 章中所见到的，降低功耗也即尽可能地保持休眠。低功耗蓝牙技术能够以最优的方式完成这些，并且在活动时间里仅仅处理为数不多的事务。低功耗蓝牙技术中，连接建立和数据传输阶段的时间仅需 3 ms。

7.1.4　非对称

就链路两端的功能来说,低功耗蓝牙技术很大程度上是非对称的。标准规范在大多数情况下都基于这个假设,传感器设备在能量供应、计算处理能力和存储方面仅具有有限的资源,而接收设备一般会比较好一些。没有必要使设备都能够支持主机和从机的角色。进而,就可以生产简单的低功耗的设备。

7.1.5　传输范围

考虑到很多的低功耗蓝牙的应用都包含了设置在家庭环境中的传感器,无线连接应该对其加以覆盖。它也需要克服在相同频段上工作的其他设备的干扰,以及多径衰落。

7.1.6　易于使用

对易用性的考虑在无线标准中是不多见的。低功耗蓝牙技术是基于它能够让其设计者在广泛的环境中都能直接使用的理念进行开发。甚至考虑到很多设备可能通过移动电话接入互联网,对一般网关的支持也包含其中。易用性的理念也被扩展到了简单、廉价的资质认证上。

7.2　射频

低功耗蓝牙技术的无线电标有必要限制在现有的标准蓝牙芯片的射频链进行实现。即使如此,单模芯片只有相当低的休眠电流,可以在有限的发射功率下达到可接受的传输范围。后一限制使得芯片能够使用限制在 15 mA 峰值电流以防止失效的纽扣电池供能。

无线端在 2.4 GHz 频段支持 40 信道,每信道 2 MHz 带宽。其使用调制指数为 0.5、比特时间积为 0.5 的 GFSK(高斯频移键控)。它相比于蓝牙 BR/EDR 更松弛,可以增加传输范围。总体的射频规范与其他超低功耗的私有无线电技术类似。

7.3 拓扑

低功耗蓝牙技术的拓扑结构很简单：它只支持微微网（Piconet）。第一版发行的标准包括点对点连接，也实现了用于向远程服务发送信息的一般网关功能。未来有可能利用低功耗蓝牙技术或者其他网络传输协议，将其拓展到包含交换机和中继功能的拓扑，以实现星形结构网络建立的扩展骨干网。

在大多数考虑到的应用中，拓扑基于通过广播、公告或者计划通知的方式进行信息推送的设备实现。正常情况下，在建立连接之后，设备在其大多数时间里保持睡眠，仅在提前约定好的时间保持活动以交互信息。最简单的仅仅做广播或者接收信息的设备可能包含一台发射机或者一台接收机，无需两者同时装备。

7.3.1 属性角色

低功耗蓝牙引入了属性角色的概念来描述设备拥有的基本功能。这一术语略有歧义，因为实际上其与应用配置无关，仅仅描述了当它与其他低功耗蓝牙技术通信时的功能。

属性角色可以分为两类。第一类是仅仅发送或者无确认地接收数据的单向设备。第二类是能够在两个设备间保持会话的双向设备。

7.3.2 单向设备

最简单的即是广播设备（发射机）或者观测设备（接收机）。广播设备（图7.1）仅仅需要包含一台发射机：它们发送包含数据、能够被接收机听到的公告数据包。这些数据使用一个全局唯一的、定义了数据包的格式和类型的ID进行标示。这些数据包根据在广播设备上运行的应用进行发送。可能以定时事件（比如常规的温度数据的传输）或者是事件驱动的方式（比如被跑鞋踢出去的足球）来运行。

図 7.1　低功耗广播发射机和公告发射机

对等的仅接收的设备被称作观测机,其无需配备发射机。观测机通过对公告数据包的扫描来监听广播消息。它们能够按照约定好的应用过滤数据,然后显示或者处理收到的数据。它们无法发送确认信息,无法对发射设备发出指令。

广播和观测设备使得生产低成本且用于很长电池寿命的设备成为可能,但是因为它们是单向的,因此需要事先设定好程序,或者由外部应用控制。它们的目标是有限数目的大容量应用,其成本和功耗都很关键。

7.3.3　双向设备

大多数低功耗蓝牙设备同时包含一台发射机和一台接收机,以使得它们能够与其他设备通信。这些设备被称作外围或中心概要角色。几乎所有的低功耗蓝牙技术都属于这个类型,当连接建立后,外围设备作为从机,同时中心设备作为主机。

主机可以与很多个从机相连,在低功耗蓝牙技术中,接入地址限制的连接数理论上限大概在 20 亿左右。在任何实际系统中,这意味着连接数是由如带宽和存储等资源因素决定的。

不同于蓝牙,从机仅能够连接到单一的主机。然而,在低功耗蓝牙技术中,它不支持主-从结构倒转。一旦一台设备成为从机,它在连接中自始至终都保持为从机,这意味着一个外围设备可以设计为永远都不做从机。这样导致低功耗蓝牙技术在外围设备和中心设备的复杂的非对称性,从机的生产会更容易(也就更便宜)。

角色	功能		功能	角色
外围设备	公告		扫描	中心设备
外围设备	公告		初始化	中心设备
外围设备	已连接 (从属设备)		已连接 (主设备)	中心设备
			初始化 *	中心设备
			扫描 *	中心设备

* 在连接中,一台主设备可以被扫描或者与其他外设一起被初始化。

图 7.2 低功耗的外围和中心概要角色

一个设备没有理由不能在不同个概要角色中进行转换。比如,它可以以一个外围概要角色开始生命周期。然后,在配置完成之后,它可以关闭发射机(可能是永久性地)成为一个广播概要角色。然而,在这个状态下,它会与主机失去所有的连接,偶尔进行数据的广播。设备同时支持不同的角色也是可能的,包括同时成为主机和从机。

7.4 公告和数据信道

在这一点上,理解低功耗蓝牙如何使用频谱是很重要的。为了在授权的 2.4 GHz 频段上保持稳健传输,低功耗蓝牙技术采用了自适应跳频技术。标准将频谱划分为共计 40 条信道:其中 37 条用于数据传输,另外 3 条固定用于公告信道。这三条信道用于广播数据(公告模式)、发现其他设备(扫描模式)以及建立连接(初始化模式)。

三条广播信道的其中两条位于频谱的两端——2.402 GHz 和 2.480 GHz,第三条在 2.426 GHz。选择这些频谱以避免与

802.11协议使用的频谱冲突(2.426 GHz 恰好位于 802.11 第 6 信道的始端)。图 7.3 画出了它们如何与 802.11 中最常用的 1,6 和 11 信道避免冲突。

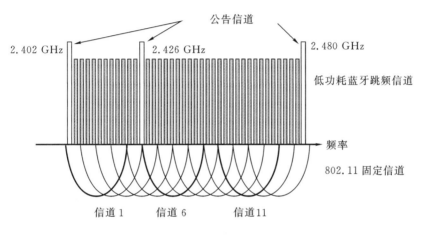

图 7.3　低功耗蓝牙技术的频域信道

　　公告机制是低功耗蓝牙运行的基础。广播发射机和外围设备大部分时间处于休眠中,在活动时利用这些信道控制大多数的数据传输和连接活动。

　　数据信道在连接建立后使用,用于服务发现或者专用数据传输。数据信道就像是线缆;它们在两台特定设备间传输信息,而非间歇的广播。数据信道采用了自适应跳频,在每次新传数据时移动到一个新的频率上。这使得它们更加稳健。广播发射机和观测机的运行无需使用数据信道。(实现这些需要有外围设备和中心设备的设置。)

　　公告行为发生在公告事件时。在一个公告事件中,一台设备以广播发射机或者外围设备的角色发出公告数据包,一般在所有三条公告信道上重复发送。它们使用基本连接层数据包,可能包含有用以标示设备发送状态的其他数据。它们告知监听设备公告发射机的可发现性和可连接性,以及是否能够在不建立连接的情况下请求更多数据。

在这些数据包接受范围内的中心设备能够以另外两种基本链路层数据的形式进行回复,可以请求更多信息或者请求初始化连接。

尽管这些数据包在链路层被隐藏起来,它们却是低功耗蓝牙连接建立的基础,我们接下来对它们做一番细致的考察。

7.4.1 公告数据包

低功耗蓝牙技术中的数据包的设计非常简单(图 7.4),所有传输仅仅使用一种类型的数据包。每个数据包大小在 10~47 个八字节,包括:

- 前导信息:01010101 或者 10101010;
- 32 比特的接入地址;
- 数据负荷,在 2~39 字节之间;
- 24 比特的 CRC 校验,基于数据负荷计算得到。

前导	接入地址	载荷	CRC
1 字节	4 字节	2~39 字节	3 字节

图 7.4 低功耗蓝牙数据包的结构

在这里,重要的部分是公告包的数据负荷部分,称作公告信道 PDU(协议数据单元)。它包括一个两字节的包头和 0~37 字节的公告数据负荷。包头指示了数据负荷的长度、数据包的公共或者私有属性以及如下四种之一的数据包类型。

- ADV_NONCONN_IND(非连接公告):
  用于发送包含数据的公告信息,但并不包含接收机的回应信息。
- ADV_DISCOVER_IND(可发现公告):
  包含数据并且可以用于指示请求传输更多数据。
- ADV_IND(公告信息):
  公告信息指示有更多数据可供发送,并且告知接收机可以与当前设备建立连接。

- ADV_DIRECT_IND(定向公告)

这是发送到已知主机(中心设备)的特殊公告,用以请求重新建立连接,一般经过很短的延迟后发送。

7.4.2 回复数据包

监听公告数据包的中心设备在收到数据时,可以有多个选择。它可以忽略数据包,可以接收数据上传到宿主层,或者,在公告数据包允许时可以进行回复。

7.4.2.1 扫描回复数据包

如果中心设备想要获得更多的数据,则其回复一个扫描请求。

- SCAN_REQ:

发送数据以请求更多数据,当公告数据包中指明有更多数据可供发送时。

当公告发送方接收到一个 SCAN_REQ 帧,它会立即利用扫描回复数据包发送更多的数据。

- SCAN_RSP:

包含了额外的公告数据的包。

扫描请求用于公告发射机指示自身的发送数据多于 31 字节的数据负荷。(由于每个数据负荷都会被调整以成为高层数据包,我们使用了 47 字节中的 16 个用于控制和管理任务,所以可用于的数据至多只有 31 字节了。这和俄罗斯套娃的原理很相似。)

当扫描回复用于发送额外数据时,整理好数据负荷使其变化规律在初始公告数据包中得以体现并在扫描回复中放置静态数据是一种好的做法。以恒温箱为例,其实际温度数据放置在初始公告数据包中,设定温度和恒温箱位置在扫描回复数据中。中心设备能够知道这些信息很少发生变化,所以偶尔请求扫描回复信息。如果数据以相反的方式配置,主机不得不在每个公告数据包后使用扫描请求以获得当前温度,这样恒温箱就需要发送双倍的数据。在设计中完善这样的细节对于最大化电池寿命是很重要的。

7.4.2.2 初始化数据包

如果中心设备处在初始化状态或者接受到了一个指示公告发射机可连接的公告数据包,那么它将通过发送连接请求来进行初始化。

• CONNECT_REQ

在公告发射机标明其允许连接之后,用以建立连接的请求帧。

当公告发射机收到了该数据包,它可以选择忽略。当需要回复的初始化连接者并不在其白名单之列时,这种情况可能发生。如果它选择接受请求,那么它将终止当前的公告事件并开始建立连接。

来自连接初始化者的请求包含了外围设备的所有层次建立连接所需的数据。这包括中心设备的接入地址;CRC注册的初始值;跳频序列信息,包括需要使用的信道和连接间歇时间;以及主机休眠时钟定时器精度数值。间歇时间很关键,其决定了外围设备唤醒的频率,因此是决定电池寿命的主要因素。这个数值的设定需要认真的考量。

很重要的一点是,所有这些公告和回应都发生在链路层上,无需唤醒宿主高层,尽管进一步地处理数据流需要宿主的参与。

7.5 低功耗蓝牙的状态机

这七个包定义了低功耗蓝牙技术的工作方式。也有其他的链路层包,包括建立连接和传输数据需要的包,但是当一切顺利进行的时候,这些就不再重要了。我们重点关注这七个包,就可以理解控制了每个低功耗蓝牙设备行为的状态机,如图7.5所示。

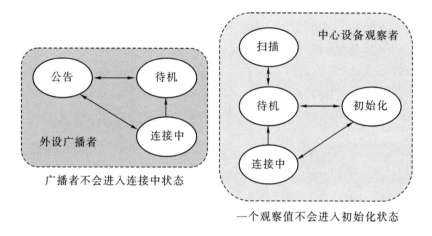

图 7.5　低功耗蓝牙功能状态

大多数的低功耗蓝牙设备大部分时间都处在待机状态进行休眠。外围设备和观察机间或被唤醒,典型的如在宿主应用对一个程序或者时间进行回应时或者当其进入公告状态或者使用公告事件发送数据时在定好的时间点上与主机通信。当它们处在连接状态时会立即进入深度睡眠,仅仅在根据与主机刚刚建立连接时约定的时间唤醒。

中心设备由宿主决定进入扫描状态或者初始化状态,当其搜索用以建立连接设备的时候会进入后一状态。连接的拓扑并不是所有时候都显而易见。尽管主机通常情况下是有能源供给的,但在一些应用中,比如光源开关或者电视遥控,反转拓扑可能是合理的。作为指导原则,从机应该作为保留或者应用状态信息的设备。在光源开关和电视遥控的两个例子中,灯泡(或者其插座)和电视机就分别是这样的设备。

链路层状态机在对角色进行特定限制的情况下可以允许多实例化。因此,主机能够在保持连接的状态下继续进行扫描。

7.5.1　公告

公告事件包括发送公告包。由于公告发射机不知道在三条公告信道的哪一条上进行监听,正常情况下,它会轮流在三条信道上重复发送这些包。在发送每个包之间,它会监听处在扫描或者初始化状态的外围设备的请求信息。一旦它将自己的公告信息集合发送出去,公告设备就关闭公告事件。它可能在定义好的时间——T_advEvent后重复公告事件或者开始一个新事件。这使得其他设备能够接入同一公告信道。

T_advEvent 的最小值根据每种公告包的类型来定义。公告对于低功率设备来说是一种功率密集的操作,所以公告的定时对于最小化功率消耗就显得很重要。

中心设备或者观察设备可能在大部分时间里都保持待机。它在宿主控制器的指示下进入扫描状态,如果它是外围设备,则有可能进入初始化状态。在这两种状态中它都会对公告进行监听。由于接收机在这两种状态中都是活动的,它需要连续消耗功率。不过,大多数设备在这些状态下都有着可靠的能源供应。如果一台外围设备或者观察设备是电池供能的,在进入这些状态时的定时和持续时间都需要认真的考量。

总结如上内容,图 7.6 给出了利用 ADV_IND 包的一次公告事件。

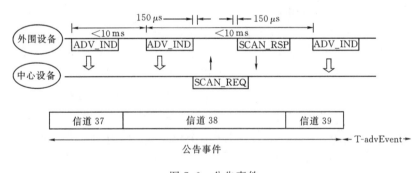

图 7.6 公告事件

在这个例子中,公告发射机是发送公告的外围设备。它从第一条公告信道——37 信道上开始。它没有收到回应,于是在 38 信道上重复公告。这时,处在扫描状态的中心设备利用在接收到

ADV_IND 150 μs 后发送 SCAN_REQ 帧请求更多的数据。所有这些包在相同的信道上发送,然后外围设备在 39 信道上重复 ADV_IND 帧以完成公告事件。在一个公告事件中,连续包必须在发送前一包的 10 ms 以内发送。公告发射机在收到 ADV_REQ 帧之前不会停止公告。除非收到 ADV_DIRECT_IND 包,所有公告都是非定向的,这意味着它们是没有选择性的——可以被任何扫描者监听到。连接请求是唯一能够提前停止公告事件的回应。

表 7.1 总结了不同公告包的特性。

表 7.1　公告包

包类型	T_advEvent (ms)	是否定向	允许的回应	
			SCAN_REQ	CONN_REQ
ADV_NONCONN_IND	>100	否	否	否
ADV_DISCOVER_IND	>100	否	是	否
ADV_IND	>20	否	是	是
ADV_DIRECT_IND	<3.75	是	否	是

7.5.2　连接

为了建立连接,中心设备必须由其宿主应用调至初始化模式。在这个状态下,它监听通知其可连接的公告发射机的 ADV_IND 或者 ADV_DIRECT 包。在收到来自它希望建立连接的设备的包以后,它回复一个 CONNECT_REQ 包。公告发射机立即停止其公告事件并利用 CONNECT_REQ 包中的信息负荷跳到请求数据的信道上以继续建立连接。两台设备将交换信息并且主机(中心)设备能够配置从机的行为。

发送了连接请求以后,主机设备并不等待公告发射机的确认信息。两台设备都假设一旦连接请求发出以后,连接就已经存在。所以经过一个短时延后,主机立即开始向从机发送数据包。

公告和建立连接的过程如图 7.7 所示。

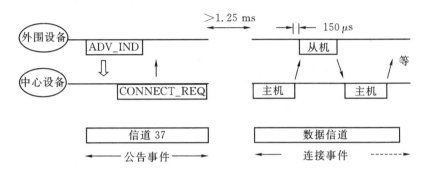

图 7.7　连接到公告者的过程

　　一旦连接建立并交换了安全信息,主机一般会指示从机进入低功耗模式,不过连接依然得以保持。初始化连接请求告知从机主机初始化连接事件的频度(其连接间歇时间)和从机在多少个这样的间歇后必须唤醒进行监听(从机延迟时间)。如果连接中断或者终止,从机需要重新建立,它可以使用 ADV_DIRECT_IND 公告包来完成。

　　ADV_DIRECT_IND 包是公告包中唯一包含目标设备地址的包。它被设计用于完成快速重建连接的任务。不同于其他公告事件,这种包可以连续发送。快速重建连接的代价是公告发送设备需要较高的能源消耗。使用这种模式的假设是,主机设备在传输范围内且处在初始化状态。如果不是,与其重复该过程,从机不如利用更节能的 ADV_DISCOVER_IND 包。

7.5.3　发现过程

　　对于熟悉蓝牙技术的人来说,低功耗蓝牙的发现过程可能令人困惑。发现过程总是由被指示去发现可连接设备的主机设备完成。它完成这个过程的方式是,进入扫描模式或者初始化模式等待公告消息。

　　外围设备能够配置地在它们的运行时间里(一般发现)或者仅仅在有限的时间内(有限发现)公告其存在。典型地,这仅仅是很短的时间,或者当其开机时,或者用户干预将其调至这种状态。

其区别在公告包的操作标志上予以标示,这样一来,扫描设备就能够将来自处在不符合要求的发现模式的设备的包丢弃掉。例如,如果知道试图连接的设备处在有限发现状态中,它就可以丢弃掉所有来自处在一般发现状态的设备的公告包。有限发现可以使得设备更快地被发现,而且也意味着在用户接口上显示更少的已发现设备。

　　主机设备可能以背景操作的方式被动地进行扫描。更频繁的是,它会通过用户输入定向寻找设备。在这种情况下,它开始扫描并监听公告信息。每个公告信息包含设备地址并可能包含额外数据,这样在发现过程结束时,主机设备就会得到其"找到"的设备的列表(图 7.8)。

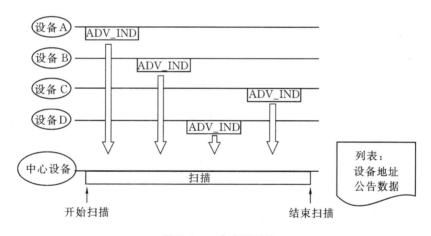

图 7.8　一次发现过程

　　通常一台主机可能知道设备更多的信息,如设备名称,这样在用户接口上可以提供更有用的信息。为了获得设备名称,主机设备需要轮流和每个设备建立连接并请求额外数据。应用能够决定是对所有或者部分发现设备都进行这些操作。

　　和基本测量数据一样,公告包的数据负荷中可能包含很多帮助解释和展示终端用户信息的标准信息块。它们包括:

　　• 本地名称。如果已经提供,那么可以移除名称请求。然而,它不能大于 30 字节,而且如果在公告包中包含了其他信息时,其长度会进一步减少。

- 标示设备处在一般发现或者有限发现模式的标识。一般是一个字节。
- 发射功率。一个字节信息,这可以和 RSSI 测量信息一起使用,让主机能够较好地估计每台发现设备的距离。此信息可以提供给用户帮助他们区分不同设备。
- 厂商指定的数据。

公告包数据的最大负荷为 31 字节。每一块这样的数据共享这些空间并且每个需要数据负荷的额外一字节来说明后续数据的类型。因此,如果包括了标识位和功率信息(每个使用两字节),仅有 27 字节可供其他信息使用。

7.5.4 联合

一旦连接建立,主机可能建立起包含了共享保密通信密钥的联合。它们可以被保存起来用于以后的连接。低功耗蓝牙的安全在第 3 章中已讲述过。

服务器可能在利用其某些特性时需要认证和/或加密。当强制加密时,生成的 MIC 会有 12 字节的数据负荷。加密也可能用在广播数据中,然而,这意味着将要收到这些广播的设备先前已经建立了联合。没有接收机的广播角色设备不能发送加密数据,除非已经使用了某些用于交换链路密钥的联合方法。

低功耗蓝牙也支持以私有地址模式的隐私模式。这个特性允许已连接设备每 15 分钟生成一个作为新地址的新标识。这些新地址包括三部分:

- 一比特信息用以标识公共或者私有地址;
- 一个随机数;
- 一个关于随机数和一些标识信息的 hash。

两台先前已连接的设备能够利用它们保存的连接信息来解

释和解析这个地址。任何正在监听无线数据流的设备会只看到"新"地址并且无法与先前该设备的传输做相关连接。这一技术能够帮助防止移动设备被追踪。

7.6　低功耗蓝牙协议栈

与蓝牙相比,低功耗蓝牙的协议栈要简单得多。它被设计用于传送设备状态,而非数据流或者文件。

图 7.9 给出了低功耗蓝牙的协议栈。相比蓝牙 BRE/EDR 的协议栈,最大的区别在于它有多个可选的传输层协议。

先前的章节已经讲述过链路管理器所具有的大部分功能了。在实际中,开发者并不直接和每次公告都打交道,而是通过通用接口配置(GAP)来使用低功耗蓝牙,其用于发现过程和连接,以及设置设备和传输数据的一般属性配置(GATT)。GATT 配置利用下层的 ATT(属性协议)以提供与更低层的协议连接。

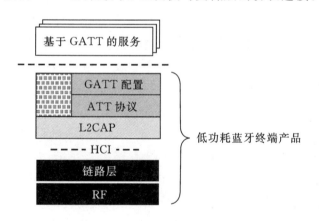

图 7.9　低功耗蓝牙的协议栈

和蓝牙一样,HCI(宿主控制器接口)在链路层之上提供了标准的 API,以使得实现者从不同的硅晶厂商那里混合和匹配控制器。HCI 接口由蓝牙 HCI 接口演化而来,但是为了适用单模芯片其命令集做了大大简化。由于多数厂商都倾向于提供完整的系统级芯片设计,低功耗蓝牙相对的简洁性可能意味着 HCI 接口难以得到广泛应用。

在 HCI 接口之上,L2CAP(链路层通用自适应层)向协议栈提供同时支持基本速率和低功耗蓝牙的通用接口层。对于低功耗蓝牙来说,则没有连接导向的数据。L2CAP 使用固定信道而非动态信道。默认的信道 MTU(最大传输单元)是 23 字节,尽管在高层,通过客户端和服务器间交换命令使用 ATT_MTU 属性可以将其调至 517 字节。如果收到更大的 MTU 请求,它们将被 L2CAP 分割并以每次 27 字节的负荷在空中接口进行发送,而在链路接收端进行重建。这样一来,尽管增大 MTU 可以允许发送更多的信息,它也无法使无线传输变得更加高效;因此除非需要使用长数据串,一般应该使用默认值。

7.6.1 属性——明确状态

低功耗蓝牙设计用于传输状态信息。它通过作为低功耗蓝牙技术基础的 ATT 和 GATT 来完成。通过包含高层应用使用的数据协议和数据格式定义更多的信息而非限制协议选择,它们表明了原理上的显著变化。它们也定义了属性、特征和服务,给低功耗蓝牙带来了互操作性。

使用 GATT 和 ATT,数据通过"属性"表示。它们可能是传输的测量信息,或者是客户设备在服务器上的激励设置。不同于蓝牙 BR/EDR,它们在协议栈中没有路由。在使用低功耗蓝牙时,理解这些属性和它们是如何嵌入特征和服务中是很重要的。

属性本质上是一组数据。它能够表明硬件注册、设备信息、传感器测量值、控制数据或者配置信息。它可能是传感器的输出或者某些控制信息的输入。

每个属性包含三个元素。第一,它被一个 16 或 128 比特的 UUID 唯一标识。这一般是由上层配置和说明属性表示的内容。它可以是物理实体,例如温度或者某一类型的激励。16 比特的 UUID 用于描述常用属性,在蓝牙指派数字列表中列出,而 128 比特的 UUID 用于产生其他属性,可能是私有的或者并不常用,因此并不在指派数字列表中得到包含。

属性的第二个元素是它的编号。编号是唯一的而且定义了外围设备上属性在属性服务器中的位置。编号有两字节长,它们的使用使得更短的消息可以被使用。它们在一台设备上提供了最多 65 535 个属性,在任何实际设备中,这个极限都不大可能达到(编号 0x0000 被保留)。在服务器上,一个属性 UUID 可以多次实例化,但是每个实例必须区别编号。编号值在连接的生存周期内不能改变。在很多设备中,编号在生产的时候就被永久固定了。

最后一个元素给出属性的内容——典型的如测量值,或者控制信息。属性负荷可写的最大长度是 20 字节,在读取时最大为 22 字节。(差异源于写命令时需要 2 字节的编号。)通过使用长属性值可以支持长达 512 字节的数值(一般是字符串)。(这个极限实际上是 ATU_MTU^{MAX}-3 字节,但是大多数支持更大 MTU 的实现中使用最大值 515 作为 ATU_MTU^{MAX}。)通过读写 blob(二元长对象)以连续读的方式存取长属性命令。

实现中可以选择性地设置存取每个属性的权限。

7.6.2 属性 PDU

属性协议定义了客户和服务器利用属性交互的六种方式,用于所有的属性处理。它们是:

- 请求——发送到属性服务器请求回应的消息;
- 回应——向属性客户端回应请求的消息;
- 命令——发送到属性服务器的消息,无需回应的消息;
- 通知——发送给未发出请求的客户端的消息;
- 指示——发送给未发出请求但需要确认的客户端的消息;
- 确认——发往属性服务器以回应指示的消息。

属性仅仅存在于包含了属性服务器的外围设备上,在主机(中心设备)上的属性客户端不包含属性。尽管是主机,它仅能够发送请求和命令到服务器上(也能配置其以后的行为),或等待发送给它的指示或者通知。

7.6.3　通知和指示

很多低功耗传感器与它们的客户端都是非同步操作的,对外部事件做出反应而非基于定时响应。光源开关、计步器和恒温器都是其典型的例子。这些设备对外部事物做出反应并向其客户端发送消息。

低功耗蓝牙提供三种方式来发送此信息:广播、通知和指示。广播是不加区分地在公告信道上发送。指示和通知使用已连接设备间的数据信道。

使用通知和指示时发送的信息具有相同的格式——不同之处在于响应。指示消息需要客户端确认已经收到,而通知无需此步骤。

通知被设计用于电池寿命很关键的情形并且允许偶然的数据丢失或者有着不同形式的反馈。后者的一个例子是电视机的遥控,它为已然发生的相关事件提供了"带外"反馈。

指示需要来自属性客户端的回应。指示是一种基本操作,故在收到回应之前,服务器不能再次发出消息。如果在30秒内都没有收到回应,那么服务器会假设客户端不存在并且终止该链路。

通知和指示生成基带层次上的确认,所以从机设备会知道通知已经收到。指示从宿主栈上初始化一个确认消息,告知主机设备收到并且处理了消息。

7.6.4　特征

属性是未经处理的信息片段,其 UUID 显式定义了它的表达内容和数据格式。特征通过对属性加入行为来建立,决定了其中包含的信息如何被使用。

每个特征使用具有唯一的标示符(UUID)的特征声明进行定义,此声明包含了提供不同行为掩码的特征属性域。在多数情况下,设备会调整到一个在与外围设备初始建立连接时约定的默认行为上。表 7.2 列出了大多数的常见行为。

可以设定决定了特征行为的多特性比特数据。

表 7.2　低功耗蓝牙的特征分类

特征	描述
广播	允许的特征信息的广播
读取	允许客户设备读取特征信息
无回应地写	允许客户端写特征信息并无需回应
写入	允许客户端写入特征信息,由外围设备发送回复到客户端
可信写入	允许在写之前经过确认后的特征信息的可信写入
通知	允许外围设备发送无需回应的通知
指示	允许外围设备发送需要客户端回应的指示

7.6.5　聚集特征和时间戳

通常情况下,应用可能具有很多的相关测量属性。常见的例子如 GPS 设备上的经度和纬度信息,或者测血压时手臂上的舒张压和收缩压。与其在单独的数据包中分离发送这些测量值,低功耗蓝牙选择允许这些相关的信息优化组合为一个聚集特征。

集合值在聚集特征通过其编号列表明确了在包含哪些特征的定义中得到明确。在读取得到的聚集特征时,它包含了这些特征每个所拥有的值的序列。

聚集特征在数据值需要时间戳的情况下也可以使用,在这种情况下,它们包含了一个时间特征和一个或多个测量值。

7.6.6　服务

特征定义了每个数据片,它们在服务中被收集起来以提供表达某一功能的特征集。关于服务的简单例子包括如电池状态、时间设定服务和恒温器。

服务通过层级方式集合在一起,这样它们能够被其他服务重复使用。这意味着包含其他服务的服务是被允许的。

这种结构的优势在于其允许客户端无需遍历所有的特征就很容易决定它是否能够支持低功耗蓝牙设备。

7.6.7　配置属性服务器

当两个低功耗蓝牙设备互相连接到对方时,客户端的首要任务是发现属性服务器支持哪些属性。它通过发现可用服务来完成这项任务。从第一个编号开始,客户端遍历服务器设备上的所有服务和特征。得到此信息后,客户端上的应用可以决定这些是否需要配置以及它后续时间会和哪些进行交互。在配置完毕诸如设定通知和指示行为的服务器属性之后,外围设备一般会进入低功耗状态。

仅支持某一特定服务的应用可以通过搜索服务器支持的特定服务来最小化这一阶段的时间长度,其利用"类型请求"命令来搜索特定的 UUID。

7.7　配置

低功耗蓝牙的配置与多数其他标准都不相同。由于所有传输只有一个协议——ATT,而且在 GATT 中只有一个定义好的命令集,低功耗蓝牙的配置局限在定义外围设备上哪些服务和特征以及客户端如何与其交互上。这意味着配置会在大小(页数)、实现、测试过程和理解上都简洁得多。

低功耗蓝牙的配置(有时称作基于 GATT 的配置)依照面向对象的结构。服务器上的每个配置文件都有其自身 UUID,与组成它的服务和特征一样。一旦客户端应用确认了配置或者服务的存在,它就知道了设备上具有的所有强制性特征和读写方式。它允许写入可以与其他所有设备自由交互的客户端应用,给应用开发者带来很大的弹性空间。

7.7.1　临近性

低功耗蓝牙的一些特性使得它非常适合近距离应用。这些应用利用 RSSI 测量和在公告包中指示的已知发射信号功率一道定期检查它们之间的信号强度,用以估计它们之间有多远。尽管这并非定量测量,其也能够为很多有用的应用提供足够的可信度。

低功耗蓝牙的这种能力可以用于检查设备何时离开了自身范围。一般的应用都包括一个标识符,其作为电话或者个人计算机的安全输入。当与设备很接近时,它可以使用;当超出范围时,设备会被锁定。它可以利用这些范围信息启动警报,通知电话被落下或者被盗。相同的标识符可以用作安全接入或者身份设备。

7.7.2　网关

低功耗蓝牙标准中最重要的概念之一就是网关。它将正常的短距离通信模式拓展到让其能够直接与互联网应用直接交互的方式上。

网关功能的实现需要中心设备完成一个一般应用的工作。其任务是为远程 IP 提供一个让应用像属性客户端一样工作的安全通道。

为了利用这些特性,外围设备需要实现网关特征。这就拥有一个分配好的 UUID 并包含了支持该设备的网络应用的 IP 地址。当外部设备启用时,它通过公告告知其在查找网关。在大多数情况下,网关就是用户的电话。用户需要接受设备的请求并立即运行网关应用。

这里,一般应用的目的是向网关特征中保持的地址建立一条通道。一旦建立,具有此 IP 的远程应用会遍历服务器设备,就好像它参与了本次的服务器——客户端连接一样。自此,无论何时服务器设备有数据要发送,它都会试图找到该网关设备,并且如果成功,即连接到它的 IP 地址并向它发送数据。如果网关不在范围内,服务器会选择保留数据并稍后重试。

网关特性的意义在于它使得设计者能够开发与互联网应用密切相关的应用。这种方式简化了数据收集,因其不再需要用户输入而提供自动数据收集。由于网关功能是一般性的,它意味着设备可以在无需网关设备中载入驱动或者软件的情况下连接到网络。

这种方法也简化了从应用商店到手持设备的下载。在初始化连接中,客户端准确地发现是何种设备。它可以利用此信息来搜索已连接的应用商店,据此它可以自动显示能够与该设备兼容的应用,从而说服用户相信它们可以工作并且无需再从数以百计的可能的应用中去搜索。厂商能够通过在设备中包含将用户导向某一特定的下载应用网站的特征信息来强化用户体验。

7.8 单模芯片

如前所述,低功耗蓝牙是一种与蓝牙完全不同的分离的规范,然而可以设计使得这两种标准在单一芯片上无需额外的硅晶来结合实现,这被称作双模芯片(图 7.10)。

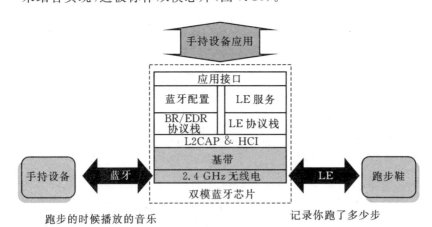

图 7.10 低功耗蓝牙双模协议栈

我们已经讲述过无线端是如何共享的。蓝牙双模协议栈构架允许两个协议栈的结合。

为了对两种标准同时提供支持,双模栈使用 L2CAP 层为蓝牙和低功耗蓝牙提供的公共层结合了两者的协议栈。在 L2CAP 之下,HCI 层与不同的基带和无线电进行交互。

在 L2CAP 之上,存在着独立的协议栈,以及与相应的配置和应用有关的信道数据。注意,当前写入的蓝牙配置是 BR/EDR 或者低功耗,它们是不可转换的。

双模芯片并非是如蓝牙和 Wi-Fi 芯片一样组合起来而本质上为两套独立系统存在单独的模块一样的多芯片的结合。实际在双模芯片上,两套无线电——蓝牙和低功耗蓝牙共享了相同的射频链,并且两个协议栈在单个处理器和协议栈上集成和实现。因为如此多的东西都是共享的,所以这些双模芯片的成本并不比已经存在的单模芯片高很多。(实际上它们会很便宜,由于它们的出现时机恰逢多数供应商的减小几何尺寸的过程,使得只需要更小的半导体模块)

这些双模芯片正在新一代的电话和便携式计算机上出现。这意味着低功耗蓝牙会得到数十亿的手持设备的支持,得以同时与蓝牙和新一代的低功耗蓝牙外围设备相兼容。

双模设备可以支持第 4 章中讲述的其他 MAC/PHY,使得它们可以同时在蓝牙和低功耗蓝牙的基础上实现 802.11。

7.9　双模芯片

双模芯片会集成在移动电话或者个人计算机上,以及类似机顶盒的设备和其他希望作为网关的设备上。大多数个人设备制造商会使用仅支持如这一章中讲述的低功耗蓝牙特性的低成本的单模芯片。

由于需要对多种应用提供支持,这些芯片会包含广泛的特性。对于多数能源非常关键的应用,其具有在单独低功耗微处理器上运行的高度优化的收发机。最通常的情况下,设计者只有一般性目的,因此就使用包括了收发机和运行低功耗蓝牙协议栈的宿主处理器单模芯片。对于多数的集成设计,通过额外的应用处理器或者虚拟机可以使得这些芯片特性在一个单模芯片上完全得到应用。

7.10 参考文献

[1] The ANT Alliance, www.thisisant.com/.
[2] Original proposals to the IEEE 802.15.4 working group.
www.ieee802.org/15/pub/2001/Jul01/. The most interesting
documents reflecting the genesis of Bluetooth low energy
are: 01230r1P802–15_TG4-Nokia-MAC-Proposal1.ppt and
01231r1P802–15_TG4-Nokia-PHY-Proposal1.ppt.
[3] Bluetooth Special Interest Group, Bluetooth low energy
specification. www.bluetooth.org.

第8章 应用开发——配置

在本章和下一章中,我们将探索如何得到最优的短距离无线通信技术。我们将关注于设计者在每一个标准限制下的具体实现以及这些限制如何引导我们选择合适的标准。在很多情况下,前面章节中的所有标准使用的是相同的技术。

在第2章中,我们曾谈论了电缆和无线链路的三个主要区别:

- 弄清楚你们的无线设备要连接的是什么;
- 时延会是一个主要因素,即信息不会以你期望的时间到达较远链路的终点;
- 吞吐会以随机的方式变化。

在这一章中,我们将专注于如何解决以上三个问题,它们如何影响标准的选择,以及如何保证你所选择标准的最优性。

一个标准应该是一个具有可交互性、成本低和可以更快上市优势的成熟的基本框架。任何一个使用近距离无线通信技术的人都会知道在这个框架内每个标准都有不同的可能实施方法,并且这些标准决定了它们的实施方式以及它们适用的场景。这些实施的问题使设计者都尽最大的努力来探索短距离无线通信技术。

在第2章中介绍过的无线场景不同特征的基础上,我们将展示这些特征如何映射到不同的标准上,以及一个设计如何能最优地适应你的应用场景。通过这两章的学习,你应该可以快速建立高效的短距离无线通信。

8.1 拓扑

为了弄清楚你要连接的是什么，让我们先回到拓扑结构上来。我们已经展示过不同的拓扑结构以及它们对应的不同标准。在某些情况下，很容易为某个应用选择拓扑。如果你需要网格网络的标准，那么你应该去看 ZigBee PRO 协议；如果你需要高速率连接因特网，那么就使用 802.11 协议。

然而，大多数应用并不是可以这样清楚对应到某一标准。这使得我们很难选择标准，特别是一些简单的情况，例如将一条或两条电缆用无线通信来取代。在这种情况下，也许有许多不同的可能性，而最优的则是不同特征的平衡。正确的拓扑是一个好的开始，因为不正确的拓扑选择会导致我们偏离最优的方法。为了帮助我们决定哪些标准是最优的，我将重新介绍我们在第 2 章中讲过的层状拓扑结构。

8.1.1 电缆替换

电缆替换即用无线链路来代替一条电缆。尽管这也可能是 RS-422、RS-485、USB 或音频电缆，但通常是一个连接两个串行接口的 RS-232 电缆。最重要的是，我们将用无线链路来准确模拟物理电缆。在许多应用中，它可能被实现在一个无线适配器上，并将其插入到物理连接器的插口中，或者是它内部或外部的一个设备上。

物理电缆有很多容易被遗忘的优点。和无线链路相比，电缆有几乎无限的带宽、无时延、几乎无功率消耗、无安全问题和在连接到合适的插头或插座上几乎同时自动配置的优点。唯一可能使你烦恼的缺点是它昂贵的安装费及它几十米的有限铺设距离。

任何通用的无线标准都可以用于电缆替换。但是有点意外的是，这些标准并不能直接应用——各个标准都需有不同程度的帮助来替代电缆，部分原因是由于需要帮助两个分离的终端连接。不管这两个终端是在工厂中生产并成对销售还是存在一个像按钮之类的本地接口,它都需要小部分额外的应用来把它们连在一起,这就超出了标准的范围(Wi-Fi 的保护方案除外)。在所有的情况下,文件或协议栈的顶部需要额外的工作。其他需要解决的是数据和物理连接器引角的映射问题,这是我们完成拓扑之后将要解决的问题。

因此,问题是我们下一步将做什么? 表 8.1 列出了不同标准的优缺点。这些现有的芯片代表了各种标准的典型市场。专业供货商对市场的选取会显著提高某些特定的性能,例如功耗。由于性能会存在一些变化,因此我们最好从一些平均性能的保守假设开始。

表 8.1　电缆替代无线标准的特点

	距离 (m)	吞吐	时延 (ms)	电流 (mA)	相对成本	安全性
蓝牙 ACL	100	<2 Mbps	100	35	1	安全
蓝牙 SCO	50	64 kbps	10	30	1	安全
蓝牙低功耗	>100	<65 kbps	3	15	0.5	安全
Wi-Fi/802.11	<100	<20 Mbps	200	200	3	不安全[a]
ZigBee PRO	>100	<75 kbps	5	25	1.5	安全

　[a]基于 802.11 的无线自组织网络的安全性目前是有限的,基于 802.11 的基础设施网络是安全的。

由于新的芯片的价格是动态变化的,因此对它们成本的比较是困难的。我们采用相对价格的方法来比较,例如以蓝牙 v2.1+EDR 方法作为参考,并与其他方法相比较。我们并非基于芯片成本来比较,而是采用一种包含解决方案所有成本的比较方法,这些成本包括所有无线标准实现的外围组件以及实现协议栈到物理连接器的额外的处理。后一点是 Wi-Fi 高成本的主要原因,因为它需要一个额外的处理器来支持完整堆栈的电缆更换。如果你已经节省了许多处理的功率,就可以改变比较的平衡。

点对点通信应时刻考虑安全问题。基于 802.11 的无线自组织网络用于电缆替代时,不仅要考虑 Wi-Fi 对性能的增强,还要考虑额外的高层安全问题,这些很可能会增加成本和开发时间。ZigBee PRO 标准需要一个安全中心来提供可靠的连接。使用 ZigBee PRO 标准作为电缆替代需要每一条链路的一个终端和一个安全中心相协调,这就产生了实施的不对称性。蓝牙低功耗标准也是结构不对称的,它的链路终端需要较高的电流。相反,蓝牙 BR/EDR 标准则是对称的。

不同标准的时延和吞吐可能并不是用于非实时关键数据传输,但是它们可以被其他应用使用,并充许它们根据使用来排列,如表 8.2 所示。语音业务和音频业务的主要区别在于语音传输不能有时延。这就意味着窄带链路只适合语音业务,并不适合传输音乐。相反,音频业务,例如 MP3 或相似工具中数字编码数据的传输,需要链路两端进行相应的处理,这就不可避免地带来了语音业务中不能容忍时延。同样,我们可以解决这个问题,但却会再次引入新的成本消耗。

表 8.2　无线标准的应用能力

应用	语音	数据	音频	视频	状态
蓝牙 ACL	x	Y	Y	x	x
蓝牙 SCO	Y	x	x	x	x
蓝牙低功耗	x	x	x	x	Y
Wi-Fi	(VoIP)	Y	Y	Y	x
ZigBee	x	x	x	x	Y

状态＝窄带宽,低时延数据

表的最后一行展示了在终端的信息的传输(恢复)情况,这可能是一个传感器或者一个应用程序的参数。尽管这些参数是一个数值,但是要求较低的传输时延,因为这些数据可能转换为结束或报警信号。一个性能优异的服务网络可以对每个需求的数据传输要求做出快速反应,而不是像 IP 网络一样引入时延问题。

传输状态信息的标准一般需要低负载循环系统,从而使在链路终端的传感器可以在生命周期的大部分时间处于睡眠状态,而最优的方法是把状态作为链路终端的一个寄存器或接口。通过引入状态的概念,我们可以使表 8.2 中的数据定义更加清晰化。我们将那些有大量数据转换的应用的数据以文件的方式表示,而不是状态信息。虽然 ZigBee 和蓝牙低功耗标准可以传输中等速率的数据,但是它们并不是高效的并且时常需要高的功率。这两种设计主要是用于状态传输。

电缆替代并不是无线标准的一个明显目的,因为替换一条电缆并不能带来互操作性的好处,因此制造商通常会提供链路的两端。除此之外,无线标准由于其具有其他的优点,如鲁棒性、体积小、替代性和容易使用等而更加适用于电缆替代中。因此,芯片厂商和模块制造商提供了一系列可供选择的端对端电缆替代的方案。其中,一部分的连接可以由芯片提供,这样有利于选择一个现成的解决方案。

8.1.2　重新连接

虽然这个问题不仅局限于电缆替代,但实施者应该仔细考虑如何处理无线连接中断的问题。由于电缆连接得益于它有很少的错误并且大多数错误可见,因而大部分电缆传输错误是由于电缆被拔出,将它插回去是常用的补救措施。

无线连接更加神秘的地方在于通常没有什么迹象显示为什么连接消失了,也没有任何明显的方法来恢复它。特别是无线技术用于可能没有一个用户接口的嵌入式设备中,设计者更应该考虑使用适当的恢复技术来修复中断的连接。

我们开始无线设计时,通常会假设无线传输失败情况的出现,即使在链路两端都能正常工作的情况下也会出现无线传输失败。由于干扰、链路一端或两端的移动使其超出传输范围或者存在信号受阻的情况,即使最好的系统也会出现传输失败。由于数据包在衰落链路中传输,可能会导致不能被正确解码而被栈拒绝,从而出现传输错误。这种情况在稳定的栈中不可能出现,但在实际传输时会出现。由于传输失败的存在,每一个无线节点都会采用看门狗或恢复的处理技术。

无线链路传输的失败需要重新连接机制。大多数情况下,电缆替代会假设无线链路像电缆一样,因此当无线链路不可能使用时,主机设备采用一些措施来重新连接是非常重要的。所有的无线标准都提供了一种方法来检查链路是否存在。当链路中断存在时,自动采取措施来重连。基于这些标准,我们应重点考虑那些传输丢失的数据或者是队列中的数据的传输。高层的协议,如TCP/IP,都可以处理这些问题。在像 RS - 232 这样的简单连接中,一个独占协议可以用来处理这些中断。然而,很多协议是为电缆传输设计的,并没有考虑链路传输失败的情况。在这种情况下,我们需要在设备中添加一个弹性协议或者考虑在无线适配器中加入缓存。

采取预防措施是一种更加明智的做法。大多数标准通过访问 RSSI 信息而提供链路质量指标。通过将一个本地应有写入到无线适配器中来观察链路质量的变化,进而提前提醒主机设备。适当时,我们可以采用标准流控制信号来提醒主机设备。最简单的方法是,我们可以采用声音或者是虚拟警报来提醒手持设备的使用者的超出使用范围的行为。这种提醒方式适合于用芯片来实现,因为它需要两个独立的处理过程——一个处理过程来检查链路,另一个处理过程处理一般的数据流。这是一个实现问题而不是标准。

重新连接机制虽然增加了无线适配器设计的复杂度,但它可以提供更流畅的操作。要想将无线功能嵌入到设备中并以我们需要的方式工作,重点是要投入时间和精力去开发。许多标准提供了工具来帮助做这部分工作,但那些特殊的恢复机制仍要依赖于实际应用。如果能自动重连并检测链路状态,那么设备就可以像用电缆连接一样的工作。没有这些机制,其结果是设备会不断要求用户重设新设置来恢复工作,从而降低了我们解决问题的信心。

8.1.3　多点

增加额外的连接会增加通信的复杂度。多点通常指从一个主控设备发出的多条独立的链路到一些被控设备或者是感知设备。这和广播是不同的,广播指主控设备发出信号,而一些受控设备接收并可能会回应,我们将在下一部分介绍同步时介绍广播。

当着手多点设计时,我们有许多重要方面需要考虑。

8.1.3.1　共享带宽

由于只存在一个主控设备,所有受控设备的带宽之和是主控设备的可用带宽。因此当两个受控设备同时连接时,它们不能设计为使用超过一半的带宽。

在一些应用中,虽然很多设备同时连接着,但大部分时间它们是空闲的。这种情况下,单个设备可以得到更大比例的带宽。然而,我们要考虑当其他设备需要通信时如何快速连接。因此,连接时间(如果它是一个连接导向的系统)和连接时的最大可用带宽之间存在一个折衷。

8.1.3.2　多点连接序列及其时延

根据无线标准及其实施方法,受控设备可能以不同的方式连接。如果时延是一个重要因素,主控设备就需要检查所有设备,以确定它们是否需要发送数据或者发送数据的迫切程度。另外,受控设备也可以发信号给主控设备说明它需要通信的需求。在多点传输中,我们一般假设使用一种控制时延的方法,这样设备间进行数据传输前就不需要信息交互。换句话说就是,设备在它们首次出现在一起时已经进行过信息交互及关联。

这并不表示连接的和未连接的节点不能出现在一个多点拓扑中。例如,一些设备需要短的时延而其他设备可能只是偶尔通信的场景就很好地体现了这种情况。通常情况下,连接的设备可以在预定的时间段以很小的时延发送数据,而未连接的设备则需要花费较长的时间与主体设备进行多次信息交互以建立安全机制来恢复连接。另一方面,节点永久连接会导致即使在低功率状态下也会产生高的功耗。

这就突显了多点拓扑快速增加了系统在链路管理和节点功耗影响的复杂度。无线标准的选择以及设备接入的方式很大程度上影响了多点场景的功耗承受能力。一般情况下,受控设备按设计要求处在低功耗状态,而在请求关注或者数据传输时才改变其状态。然而,主控设备也会由于一直处于激活状态来检查受控设备的信息传输而负担加重。

随着设备数目的增多,主控设备的反应时间会越来越长。其他意想不到的影响也可能会出现。因此,那些采用监听传输标准的设备会受到其他节点的干扰,而基于连接导向的标准则不会遇到这种情况,例如蓝牙技术,但是这种标准有最大七条并行连接的限制。

ZigBee和蓝牙低功率技术可以在很低的吞吐下具有较小的时延,但是吞吐有限。这再次显现了文件传输在连接规模和流媒体传输在事件信号传输中的不同。一条电缆可以同时传输这两种信息。无线标准还远没有达到通信的地步,需要在特定的场景中选择具体的标准。

8.1.3.3　内存需求

主控设备需要考虑在实际多点拓扑中支持更多受控设备内存大小和处理功率的需求。这种需求在很少设备时也会增长很快。在蓝牙通信中,特别是当主机的栈在一个芯片上时,性能会随着第三个受控节点的加入而大幅下降。同样对于嵌入式的Wi-Fi设备,当加入第三条或第四条使用无线自组织连接的链路时,设备的吞吐会明显下降。

8.1.3.4　复用

多点拓扑的一个明显结果是主控设备必须同时处理来自不同受控设备的多条数据。这就需要主控设备协议栈的高层采用多路复用或寻址协议来保证进出的数据包被送到合适的服务,同时流控制和服务质量得到满足。通常支持多点配置的标准中包含有处理多路传输层的工具,但它们通常为某一特定应用而专门设计。这就导致基于标准的解决方案只能依靠含有主控设备的特定芯片和它相关的 API。对于受控设备而言,它们是完全兼容的,因为它们只有一条连接的信息流。

对于那些低负载的应用,像 ZigBee 和蓝牙低功率技术,则不用考虑上述要求。虽然存在同样的基本应用问题,但这些应用的任务负担非常低以至于这些特殊考虑很少出现。然而为了保持较低的连接时延,主控设备需要准备好能量以随时接收到来的数据包。

8.1.4 基础设施(网络连接)

Wi-Fi 或者 802.11 是设备连接到主干网络的首选标准。作为 802.3 标准系中的一员,它们在网络开发中具有很明显的优势。对于那些包含 TCP/IP 栈和充足能量供应的客户端系统,我们几乎没有理由去选择其他标准。对于小的嵌入式设备,功耗会是个大问题。

为了解决这个市场,大量的硅公司已经开发出基于 802.11 标准的高度优化的低功耗、生命周期长的低功率芯片。这些公司有 G2 Mircosystems[1]、GainSpan[2]、Redpine Signals[3]、ZeroG wireless[4] 和 Ozmo Devices[5]。这些芯片通常采用 802.11b 标准低速传输,非常节省能量,同时可以与轻量级的 TCP/IP 栈的应用处理器相结合。这些芯片能承受 1 Mbps 左右的速率,主要应用在一些可以醒来并传输少量数据然后继续休眠的应用程序。目前它主要作为 RFID 标签来帮助追踪。由于 Wi-Fi 接入点已经部署开发,因此它们不需要传统的接入点或中心,而常常需要其他的无线标准。虽然不具有蓝牙低功耗和 ZigBee 那样的低功耗,但是它可以在不需要新的构架的情况下集成到现在的 Wi-Fi 系统中。而对于小批量应用,它们使得 802.11 成为唯一的选择。

另一个对这些芯片的担心是它的安全级别。最近很多 WPA 以及上面介绍的安全协议,特别是一些企业使用的,需要大量的资源,而这些协议在不添加额外应用处理器的情况下会使功耗达到不可接受的程度。由于 Wi-Fi 协议系不断更新其安全机制和需求,这可能会限制它们对未来几代接入点的兼容性,特别是当它们成为公司无线设施的一部分时。其他的无线标准通常需要有自己的基础设施,这样就可以把它们从企业 Wi-Fi 安全更新周期中分离出来。

目前,低功耗的芯片采用 802.11 的方法,而不是 Wi-Fi。它们只可能采用有限数目的 802.11 编码方案,这样会使一些接入点出现问题。设备采用有限的编码方案和对最近安全机制的有限支持意味着它们并不能安全满足 Wi-Fi 的需求。对大多数应用而言,这并不是一个问题,但对一些客户而言,这是一个很重要的功能。

任何其他的标准也可以用于网络接入,但是它们需要自身的接入点和路由来完成连接。与 Wi-Fi 相比,它们既没有现成的也没有广泛应用的基础设施。而蓝牙低功耗做了一些改变,其中手机可以作为网关来使设备和 Web 服务相连。

8.1.5 簇树

在介绍真正的网格网络之前,我们很有必要指出簇树网络的存在。对本书而言,它们是不相关的;作为标准自身而言,除了 ZigBee,其他标准都不包含对簇树的支持。然而,一些厂商已经建立了工作在标准高层的簇树栈。这些被用作大规模传感器网络和主干网的接入点技术。

簇树存在是由于一些应用需要特定功能的标准。对于 Wi-Fi,它们可以使主干网络连接区域性接入点,从而避免了主干网络通过电缆到不方便地方的电缆连接。在这方面做得好的公司包括 MeshDynamics[6]、Strix[7]、Skypilot[8] 和 Tropos[9]。尽管这是无线标准的特殊扩展,但是它们解决了一些特殊应用。

8.1.6 网格

如果你的应用需要网格,那么可以去查看下 ZigBee PRO。虽然几乎所有基于 802.15.4 的硅公司都提供它们自己特有的网格网络,但 ZigBee 仍是唯一的标准。因此如果互操作性非常重要的话,这是唯一的选择。如前面提到的一样,首先确保你确实需要网格网络。尽管 ZigBee 自身可以提供工具以简化设计,但对于设计者和用户而言,它依然是一项复杂且难以理解的技术。

8.2　数据协议

无线标准并不能延伸到现实世界中的实际应用,它们只能提供设备间的无线链接。当它们应用于产品时,设计者需要找到方法使标准的接口能和自身具体应用通信。

完成一个新的设计和增加无线功能来升级产品是非常不同的。在新的设计中,无线栈成为设计的一个组成部分。相反,当无线功能被添加在现有设备中时,无线栈需要一个接口程序来连接现有协议。

8.2.1　配置文件或所有权

正如我们所看到的它们的架构,不同的无线标准有不同的协议栈。一些配置文件有效地定义了完整的应用,其他的则提供了标准化的传输层和物理层的仿真接口,另外一层依赖与其他工业协议的接口。

没有一种配置文件类型是最优的。其原因是标准中有很多不同的配置文件操作试图获得互操作性,并且它们都采用不同的方法。其方法是由应用程序的类型和预期实现的多样性所决定。例如,一个智能电度表和一个耳机都需要在各自的系统中具有高水平的互操作性和有限的由产品差异所带来的影响。医疗产品需要具有高水平的互操作性,但无线标准倾向于限制自身的传输能力来获得更加灵活的产品设计。在其他一些极端情况下,例如 IP 和串口仿真中,一般的配置文件或传输支持应用程序大范围的变化,但最终没有互操作性的专有应用程序。

当评价你的应用程序时,首先需要知道需要什么级别的交互性。当你们的产品需要与其他产品进行交互时,很可能需要一个应用配置文件,除非你使了一条纯 IP 链路。交互操作越多,就越需要配置文件。所以,首先评估哪些产品你需要在通信同时检查其使用的配置文件和标准。如果你进入了一个很少有无线产品同时市场上没有通用标准的领域,那么你需要查看下是否有行业特殊的定义。如果仍然没有的话,请询问相关领域你想兼容产品的制造商,看它们是否遵守一个特殊的标准组。我们发现,大部分行业为了扩大市场及其周边产业都会需要支持交互性操作。因此如果你想成为这个大产业的一部分,设计自己的接口并非明智之举。

如果你想与任何其他产品通信(包括手机、PDA、接入点、打印机和 PC 等支持现有无线配置文件的产品),那么你可能不需要在你协议栈的顶层采用配置文件技术。大多数标准都会提供接口或者是简单的传输配置文件,使你可以在栈的顶端写入自身的配置文件或应用。当使用这些链路时,意味着你已经丢弃了交互性而只是使用无线链路底层的特性和鲁棒性。

8.2.2 外部协议的接口

无线标准很少涉及其他协议,尤其是现在设备使用的有线协议。这就意味着我们有必要花些时间来了解你的设备是怎样连接它们的。即使已经有了合适的应用配置文件,我们也许也会问如何把数据传进设备中。

对于大多数没有配置文件的应用而言,设计者需要使用正在使用的芯片或模块提供的物理接口。很少有定义传输的标准中涉及接口,如 RS-232 和蓝牙中的 USB 接口,但是大多数情况下的芯片设计者会设计无线链路的接口。即使在蓝牙中,这些接口并不是必须有的,而且如果想用时也不一定在芯片中实施。

如果要给现有的设备添加无线功能,那么就必须定义好你的接口和协议。假设链路两端都是你的设备,那么就可以保持现有的数据格式不变。如果你计划与其他设备进行交互,那么就需要调整数据格式来支持任何你想支持的标准。

如果你想继续支持遗留的有线连接,那么就需要注意保证协议的改变不会影响遗留的有线连接,即同时进行有线和无线连接时,这些设备的行为是已定义好的。

许多模块厂商通过在其设备中集成支持标准接口和提供记录的 API 来解决这个问题。当厂商提供了这些措施,它们会以最快的速度将产品上市,即使这些产品用的不是最便宜的材料。无线模块可以采用 RS - 232、RS - 422、RS - 485、USB、SPI、I2C 和USB 接口以及其他一些特定行业领域的其他接口。

8.2.3　语音、音频和编码

除了数据协议,对语音或音频的支持需求很快开始限制无线的选择。而延迟就如魔咒般限制着无线技术,因此我们首先要考虑是否需要实时性。

实时性就意味着你要像用物理电缆通信一样,在发送的同时在接收端收到数据流。这意味着你有很短时间或者是没有时间重新发送丢失或者毁坏的数据。由于数据在源端连续产生,它们不能被暂停或者重发。也许有机会进行几次重试,但是实时性要求数据的生命周期只有几十毫秒。如果数据不能在生命周期内替换,那么它必须被丢弃。

丢失或丢弃的流数据,如视频显示中任意像素的丢失或者是音频或音乐中的噪声、杂音和失真都对接收者有明显的影响。由于这个原因,流媒体数据无线通信需要低的时延和优的服务质量。一个比应用要求大几倍的基本数据传输速率也有益于提供良好的误差范围,因为这能为其提供足够的开销。

流媒体数据实时性的下一个要求是链路两端要采用实时的编解码器。以图 8.1 的语音传输为例,除了无线链路本身固有的可能几十毫秒的时延,语音信号的编解码过程可能增加传输时延。对于音频或视频编解码器,这些时延合计可能有几百毫秒。

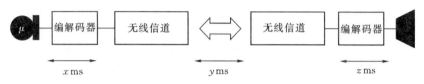

图 8.1　语音传输时延

这就是为什么蓝牙使用一个相对简单的连续可变斜率增量调制（CVSD）方式的编解码耳机。因为这将导致传输质量有限，所以它只应用于语音传输而不用于音乐传输，当然这种编码时延很小。此外，链路要预留下使用 SCO 或 eSCO 的保证时隙。

立体声音乐的高带宽需求限制了蓝牙设备利用 SCO 信道。相反，A2DP 配置文件技术却会使用高速率的数据信道。设备在开始连接之前采用默认的免费 SBC 编解码器，并与上述技术包含的一系列编解码器进行协商选择最优的。音乐以流媒体方式传输，时延通常并不是问题。而当它伴随视频经过不同的路径一起显示时，就需要考虑同步的问题了。

Wi-Fi 联盟遇到的问题稍有不同，因为它有足够的带宽，但却不能保证时延。它是通过采用无线多媒体配置文件（WMM）在 IEEE 802.11e 中指定所要求的服务质量来解决这个问题的。终端应用负责协商其使用的编解码器。

将音乐视频编码成类似 CD 或 DVD 这样的质量需要大量的工作来处理更多功率和更大内存需求。这意味着功耗的增加，因此头戴立体声耳机比语音耳机需要更大容量的电池。幸运的是，这对头戴立体声耳机的外形来说并不是个问题。

由于编解码器越来越复杂，处理时间的增加使其不能支持实时的操作。在某些应用中，例如双向语音通信中，这种时延是不可接受的。而在音乐应用中，这取决于应用程序。当要求音乐流媒体从源到扬声器，时延并不问题，因为收听者并没有外部基准时间来告诉他们时延。（使用并行低时延信道来传输控制信号是非常有用的，因为这样就没有明显的响应延迟）但是如果有一个参考信号,例如,用户用头戴无线耳机来听声音同时在 PC 上看视频,时延就会变得很让人讨厌。这有两种解决办法,要么选择一个低时延的编解码器,要么使链路更加智能,从而使视频可以回放来匹配链路实际的音频。尽管这两种方法都被标准组织研究过,但当前的规范并没有使用上述任何一种。最简单的方法是使用快速编解器,同时许多供应商提供这些编解码器的许可。然而,如果相同的高质量编解器在链路的两端不能同时使用时,将会回到其他编解码器的选择问题上,这可能会导致失真的出现。

实时视频具有更大的挑战性。音频或语音编解码器可以在无线芯片上实现,而任何试图对实时视频的支持都需要额外的编解器,最好在具有特定硬件加速器的芯片上实现。幸运的是,这不是一个常见的需求。

8.2.4　时延和时间同步

时延并不仅仅是流媒体传输的一个问题,它还和许多应用相关,因此必须在链路中采取措施来减小时延。在工业领域,对时延有严格要求的应用包括致动器控制和数据报告。

虽然多点似乎可以提供多条并行的连接,但实际上这些连接是时间复用的,这些连接按照一定的序列来传输到不同的受控设备。这样很少会出现问题,但是如果需要两个或多个受控设备的行动准确同步的话,我们就需要添加附加协议。尽管有一些标准确实提供了同步措施,但并没有一个标准是专门为上面后一种情况设计的。支持多个医疗传感器同步的蓝牙 MCAP 协议是所有标准中最优的,因为它可以使设备间的时间同步降到 10 ns。

时间同步可能会非常复杂。在无线通信中,它通常是多个设备内部时钟采用的技术。这些时钟可以区分不同的测量数据以便于它们被主控设备或后端应用程序整理和分配。

无线节点的同步操作有更多的问题。如果这些操作是发生在未来的某个时间点上,控制信息可以提前发送并且使用同步时钟来保证它们同时发生。如果操作需要实时的启动和执行,那么只能选择使用广播同时期望受控设备不会错过这个信息。

在几乎所有的情况下,精确的同步是应用程序级别的编程,并不在无线标准的范围之内。

8.3 准备和启动

8.3.1 配对、连接和交互

添加无线意味着你需要寻找一种方法为设备正确配对或者将其他已配对的设备进行配对交付。其结果是,我们不可避免地在为一个设备添加无线时,用户的接口也需要重写,来为设备提供连接到其他无线单元和接入点的选项。然而,简单的连接需要修改所有与无线相关的固件,包括任何与协议相关的,但是反之就不一定了。

在理想的世界中,设备应足够智能地知道去连接什么和什么时间连接。不幸的是,设备不够智能,因此设计者给它们添加一个它们可以连接的潜在设备的列表并且允许用户决定它们做什么。他们也想给用户提供可以选择当前和后续连接的安全级别的操作。这个接口通常在标准的范围之外,并且依赖于产品设计师的独创性。然而,它使用的是标准提供的工具。从用户的角度来讲,它可以影响一个产品的可用性、对该品牌的理解和在商业实施时产品所有权的成本。尽管有这些重要性,它仍然经常被做得非常糟糕。

就如我们以前看到的,标准并没有规定如何去实现,而是提供了工具箱来设计连接方案。通常出现的问题是,设计用户接口的工程师知道无线连接和基础设施的工作原理,而用户却并不理解。

为了设计一个令人满意的接口,设计者需要考虑产品可能被怎样使用,由谁在什么时间实施这些连接,处理的频率以及出现错误时如何恢复。

8.3.2　混乱性

　　无线标准是针对那些机会式或松散方式的混乱连接。这些通常不是可靠的连接，可能只持续一个周期。典型的例子是，一台笔记本电脑连接到宾馆的 Wi-Fi 接入点或一个移动电话通过蓝牙连接到朋友的手机以传送图片。这是互操作性的一个特征，是设备连接系统扩展的一个关键因素，从而使无线标准成为非常受欢迎的一个选择。

　　用户喜欢这个简单应用。而在频谱的另一端，IT 公司的经理们却不喜欢。你的目标客户将可能会影响你如何解决连接性。

　　除了设备自动的广播信息，混乱的连接需要一个用户接口以便于用户决定是否允许连接。在无线电水平上，可以允许扫描可供连接的设备提供信息给用户，然后进行用户命令基础的连接。

　　这种基本的扫描行为是大部分连接机制的关键方面。设计者可以根据远处设备返回的对其功能的概述来修改它。例如，可以添加滤波器来只汇报有特殊配置文件的设备或者一个已知地址范围的设备。添加这种程度的智能可以改变用户的体验，因为它没有展现出一个不能建立有效连接的很长的设备列表。

8.3.3　初始连接

　　一个重要的考虑因素是什么时间允许一个设备尝试配对操作。这并不是显而易见的，而且在不同设备间是变化的。对于用户设备，这个过程可能是在设备第一次启动或者是电池刚插入时，也可能通过一个特定的配对开关或者是一个用户接口操作来开启这个操作。除非一个特定的滤波器可以确定只有合适的设备会响应，否则就意味着在设备列表列出后将会选择一个正确的设备作为备用交互用户。

　　设计用户接口的第一准则是采用智能过滤并只显示那些对连接有意义的设备。对于 ZigBee 网络，如果启动光切换，那么只显示恒温器是没有意义的。同样对于蓝牙打印机，只检测和显示键盘也是没有意义的。对大多数用户而言,无线连接的概念依然是陌生的:显示不相关的可能性只会造成混淆。

如果明智地使用,那么 ZigBee 中的终端设备 ID 和蓝牙中的设备图标能够帮助设计者在他们的用户接口中搞清楚大量连接可能性的意思。

我们在配置大多数无线产品时,需要在链路的两端采取措施来开始连接。这是一个明智的做法,可以防止未授权的设备试图连接。当像这样实施时,记得你设计的这些专门应用是建立在标准的顶层,因此可能会出现与用户不一致的情况。你想进行交互操作的产品设备可能会做出不同的选择。不要在没有充分理由的情况下做出与其他行业不一致的接口,因为这样会使用户感到迷惑。不要低估已学东西对用户的影响。

一个最简单的技术是在设备上安装一个"连接"按键。当两个设备的按键被同时按下时,设备间建立连接。这是适度违反大多数用户直觉的,也很少有不同的设备厂商做这种工作。这就像建立一个支持呼叫的复杂连接设计却被频繁使用。不管选择什么样的方案,都要在设计的初期在潜在的用户上进行测试。一个很好的例子便是尝试标准化简单按键的方法,这种方法是从 Wi-Fi 族标准而来的无线保护设置规范。

能更少让用户在连接过程中做出决定是更好的方式。然而,这样做就存在一个效用和安全的折衷,因此这些应该作为连接接口设计的一部分来考虑。

8.3.4 带外技术

最初的连接技术并不需要包含在无线链路中。带外(OOB)连接是指另外一种用来传输连接数据和两个无线设备间按键连接的技术。这种技术叫做"带外"是因为它不包含无线标准。这样可以使连接更简单,同时提供额外的安全来消除中间人攻击的机会。

常用的带外连接方法包括当两个设备之间距离很近时被触

发近距离通信(NFC)。近距离无线通信的方法可以扩展到一个按键大小连接很多设备的标签,并对它连接的设备进行配对功能。

在和连接器相连的设备中,带外连接配对可以通过编写一个应用来传输两个物理上都连接到电缆的设备的数据。

另一种通信的方法是使用条形码扫描。一个设备包含一个扫描器来扫描其他设备上的标签,而这标签上包含它们进行连接的信息。

这些带外连接技术的优势是它们可以很容易在每一次重建一个连接。同时这看起来也是违反直觉的,如果设备不被一个用户拥有并使用,这就允许它们被中心商场的大多数员工拥有和使用。

很多公司已经成功使用这种方法,而所有的设备都会在一天结束时回到它的拥有者手中。这样可以删除它们所有的配对信息。第二天早晨,员工就能随机选择任何设备并通过接触或相互扫描重新配对。员工不需要知道它们正在进行无线配对,他们只需要知道,如果他们这样做,设备就可以工作。这项技术的第二个优势在于由于连接不是永久的,毁坏的或错误的设备可以很容易清除掉,而不需要重新配置它所连接的设备。

8.3.5　断开

很多设备不希望一直与其他设备保持连接状态。这可能是因为它们连接失败或者它们在不同的时间点被取代了。在这两种情况下,需要建立新的连接。当新的连接建立之后,一个好的习惯就是删除旧的连接信息和任何存储的安全密钥。

保持旧的连接信息对 MAC 或链路管理者在芯片的存储空间上有影响。这意味着设备建立太多的连接会用完所有的可用存储空间而不能建立新的连接。这是另一个限制历史连接数据存储量的原因。上述每次或每天的连接方法是一种可替代的能非常有效解决这个问题的方法。

8.3.6 有限的广播

有些设备被设计成不能连接而只能采用广播方式发送其他设备收听的数据。在一些广告应用中,它们也可能尝试和一个设备建立连接来推送数据。这通常需要用户选择服务并设定一个合适的安全级别。

对于这种类型的应用,建议广播设备保持一个它想要连接到的设备地址列表,这样就可以避免发送多个信息到相同的设备。当一个位置上部署多个设备时,我们应该考虑它们的组网和共享已配对设备的数据库来限制对用户的干扰。

8.4 功能延伸

无线技术似乎引入的功能延伸超过任何其他技术。不幸的是,它最有可能被破坏来适应不断改变的需求。因此规则是:决定你的设计规范并保持不变。最差的功能延伸区域可能是 RF 部分。如果它们一旦开始工作,不能对它们进行改变。

时刻要记住,你的目标是让产品进入市场,而不是重新设计规范。使用最新的稳定版本的规范除非确定你的产品有最新版本规范的功能。

8.5 安全性

永远不要忽视安全性。就如我曾多次强调过的,无线技术没有电缆内在的安全性。相反,它需要身份验证和加密。媒体喜欢刊登关于个人数据被盗的故事,或是安全性差的无线产品可能会带来不利的报道,这会导致产品甚至是整个技术的终结。在链路被破坏和用户数据被盗或功能被损坏的事件中,我们应给予产品数据库以同样的重视。在这两点上,设计者应确保无线连接的安全性适应它的目的。

所有的标准都非常重视自身的安全性并且都有鲁棒性的实施,应经常使用最新稳定的标准同时执行所有的应用安全功能。关键的应用也应考虑添加端到端的认证和在应用级别的安全过程。

8.6　升级

无线标准是变化的。你的应用也应该是变化的,除非你可以写出没有漏洞的程序并且可以时时满足用户的需求。因此,满足你产品需求的一个重要考虑是,你是否相信你已经运出的产品需要进行升级。注意,升级,尤其在无线的升级,可能会导致你的产品无法工作。除非你确定需要这个功能,否则的话最好不要添加。如果添加了升级功能,很可能会增加成本;可靠的升级会影响内存和处理的需求。根据升级过程所占用的带宽和升级的频率,它可能会导致性能的衰减。

如果你不确定是否有这种需要,最好的回答是不实施升级。此外,选择新近最稳定的标准并且坚持它,拒绝任何试图说服你还存在更新更好的标准的声音。当引入无线技术后,最好避免规范变动。

如果你决定支持更新,这个决定将会帮助你选择芯片供应商和结构。即使在最坏的情况下,升级的需求也应该是被限制的,因为整个设备的生命周期只能存在有限的几次更新。一个例外是当有应用驻留在无线设备内,需要定期升级或数据更新的情况,例如一个数据库需要定期的更新数据。

理论上来说,标准的选择和你是否需要升级是相互独立的,但是它可以影响你进行健壮更新所需要的资源以及产品的成本。

不同的标准有不同大小的栈。无线链路的吞吐通常情况下会和协议栈有或多或少的线性关系。因此,ZigBee 有相对低的吞吐,但有一个相对较小的栈;而 Wi-Fi 有较高的吞吐,但是有相对大的栈。

应用程序在栈的最上端,或者它使用的数据文件可能更大。对于一个成功的更新机制,这些需求会发送到所有的设备。对于网络中有很多不同设备的情况,更新机制需要保证以正解的方式在正解的设备中使用正解的文件。注意理解什么样的负荷被强加在了这个网络中。我已经遇到过更新机制的麻烦,包括在发送很多数据的情况下,网络也不能完成升级。还有一个特别关注点是,升级需要根据网络的拓扑经过不同的网络点发送。好的网络设计既不会给任何网络造成大的问题,又不用在设计的早期考虑数据负担,因为这些会影响无线标准和拓扑的选择。

升级给我们带来了芯片的选择。如果你想更新固件,不要考虑基于 ROM 的设计。有一些折衷可以使用,一些制造商可能在栈的下层选择 ROM,在上层选择 RAM。这通常是比较安全的,因为下层的改变常常需要硬件的改变。

最重要的考虑是要保证你的设计能在升级过程中出现的通信或电源错误中恢复。如果不能,用户就会有一个废弃单元需要替换。

有两种方法可以来进行安全的无线更新。一种是要求芯片特殊设计以进行更新,另一种是给产品附加智能机制进行更新,通常以添加额外微处理器的方式来实现。

基于芯片的方法通常包含足够的内存来保存两个固件,或者是一个闪存来存储一个,另一个基于 ROM 的会在更新固件失败时切换使用。当进行更新时,新的固件会存在闪存中,然后在下一次加电或重设时载入到 RAM 中。一旦感知到加电失败不能工作,则原来的固件被加载同时芯片重启。错误的信息随后被发送到主控端,通知主控端更新失败,应该再次尝试更新。因为这涉及到更多设备中的内存,来应对即将到来的将被写入闪存固件的存储,而支持升级因会增加芯片的成本而并不受欢迎。制造商更愿意把这个成本加到外部闪存中。

这意味着大多数设计者将通过外部的无线芯片组来最终实现整个升级过程。这通常包括一个外部应用处理器和使用相关闪存的升级过程。我们在此主要关心的是保证有一个反馈过程来应对升级过程的失败。实现升级的步骤如图 8.2 所示。

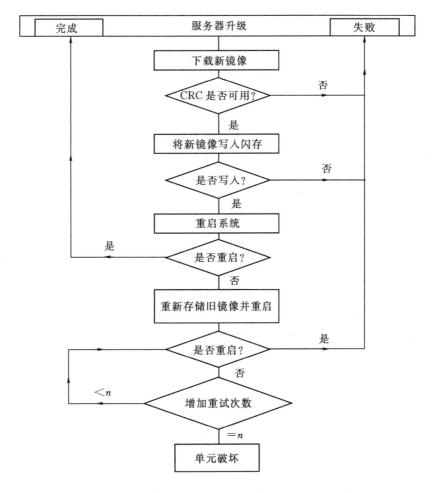

图 8.2 升级流程图

- 以两个固件镜像来开始整个设计：一个已知的工作镜像，通常由产品传送这个镜像和一个内存空间来进行镜像更新。
- 为了进行更新，下载一个新的文件到外部存储器，同时存储它到内存空间来让新的镜像使用。

- 一旦镜像已经下载,检查其完整性。如果没有满足检测要求,丢弃它,并且开始另一个下载。如果任何一个过程下载失败,拒绝它,然后重新开始。
- 一旦镜像被确认,应用处理器就会运行更新过程并将镜像写到无线芯片的闪存中,强制无线芯片组重新启动。
- 固件镜像应该经常写进去,这样在成功上电后,它们会发送确认信号到应用处理器来告知无线芯片组已经准备好了。如果没有在合适的时间接收到,应用处理器应该上传原来镜像到芯片组并且允许另一次重启。应该正确重启,此时它可以给更新主机报告错误同时要求一个新的镜像。
- 如果成功,主机决定把这个镜像作为默认镜像。(升级时特别注意——这可能在未来的升级中引入未知的错误。)

这个过程虽然复杂,但处理的目的是保证设备永远不会只剩下一个不能工作的固件版本。这需要额外的资源,会增加成本,但是更安全。采用简单的方法会冒很大的风险。

如果系统将栈分区同时应用程序跨多个处理器,这个程序需要一个更复杂的过程来更新每一部分。这种情况下,必须注意确保每一个独立的部分不能在无线芯片组和应用处理器的不兼容版本下重启。这需要特别注意,如果有需要,可以在应用处理器上更新操作系统。

在更新的最后,无线网络应该继续用与更新前相同的方式工作。为了做到这一点,确保每个节点的所有操作数据,包括路由表、配对数据、密码和链路密钥都在更新过程中被安全存储和保存。多年来,我遇到过许多升级过程,作为处理的一部分,这些更新重写和返回设备的出厂设置,留下已经更新但未连接的网络。

8.6.1 更新网格和集群网络

我们完全可以通过部署和更新簇树和网格网络,通过节点到节点的方式来传播更新。对于像智能电源这样的应用,它们的产品寿命可以达到 20 年或更长,这可能是强制的特点。然而,这种复杂的升级过程不应被低估。

任何更新过程,特别是在网络的传播过程,需要测试死亡率。在未完全测试的情况下,永远不要更新固件版本,因为子更新的鲁棒性依赖于你的部署。保证在每一个节点常常有一个或者最好是两个级别的恢复能力同时试图保证网络有多个接入点来重启和恢复更新过程。对于网格网络,利用终端节点和路由,来保证你理解节点更新的顺序。可以升级整个网络是非常明智的。智能地部署整个网络工具可以可靠地决定和报告网络中每个节点的状态。

如果任何部分有丢失,在你开始更新过程之前,都需要考虑发送个人服务需求来替代或修复整个网络的代价。这应该是整个产品部署商业计划的一部分。

假定你更新网络,千万不要认为它下次就会开始工作。你刚刚改变了每个节点的固件,不要期待它的行为有什么不同。在每次更新之前,保证你对测试过程有同样程度的重视。

最重要的是,尝试设计无线网络,不管你采取什么级别的复杂度,不要要求现场升级。

8.7 参考文献

[1] G2 Microsystems, www.g2microsystems.com.
[2] GainSpan, www.gainspan.com.
[3] Redpine Signals, www.redpinesignals.com.
[4] ZeroG Wireless, www.zerogwireless.com.
[5] Ozmo Devices, www.ozmodevices.com.
[6] MeshDynamics, www.meshdynamics.com.
[7] Strix Systems, www.strixsystems.com.
[8] SkyPilot, http://skypilot.trilliantinc.com.
[9] Tropos Networks, www.tropos.com.

第9章 应用开发——性能

在之前的章节中我们看了一些影响无线标准选择的参数,本章将解释如何通过针对特定实现进行调整来得到最好的性能,解释一些无线设计中的常见参数的权衡取舍。与之前章节相同,许多注释和技术在标准范围内是有效的。

9.1 覆盖范围和吞吐量

第一个不变的问题仍然是:"什么是覆盖范围?"在第2章中,我们看了基本面的范围,它本质上是:发射功率、接收灵敏度和匹配。在本章中,我们将看到如何将它们付诸实践,并讨论了其他关键性的影响——天线的选择。

9.1.1 功率放大器和低噪声放大器

大多数设计者在无线上首先想到的是如何能够呼叫得更大声;换句话说,就是如何能够增加额外的放大,以提高发射功率。这样做时,应该牢记如下一些要点。

由于无线链路是对称的(即每个无线电设备既需要接收也需要发射),只有在两端同时增加输出功率才能给传输带来真正的好处,否则,第二个无线电设备将无法以一定的能量发送,故使得第一个无线电设备无法知道它的传输数据是否已经被接收。这又回到非对称链路的预算问题。通过增加一个低噪声放大器(LNA)以提高设备的接收灵敏度对链路是有帮助的,如图9.1所示。

这种方法是非常重要的,特别是在你不能同时控制两端的链

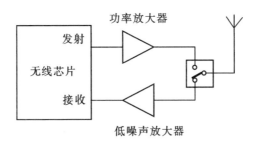

图 9.1 功率放大器和低噪声放大器

路时。以上作为选择的无线标准的原因之一是为了获得与其他设备之间的互操作性,这可能是经常会发生的情况。如果你想实现增大与其他可连接设备的覆盖范围,只增加输出功率是不可能实现任何重大利益的,你需要能够有效地收听和呼叫。

如果你同时做链路的两端,提高接收灵敏度往往是一个更具成本效益的选择,而不是试图使发射功率相同比例地增加。

RF 输出功率的消耗功率显著增加,这不是一个简单的对应关系。图 9.2 提供了一个在 2.4 GHz 下使用一些不同的功率放大器得到性能仿真的例子。即使不以全功率发射,一个功率放大器的静态电流也是显著的。此外,提高接收灵敏度而对功耗影响不大是另一个依据。

随着功率等级的提高,在可控限制之内的 RF 辐射变得越来越难以控制(图 9.3)。有一个明确的事实是,更复杂的调制被应用在编码方案中。正如图 9.3 所述,当 OFDM 编码使用+20 dBm 传输功率时,输出可以与最大门限非常接近。如果以最大可用功率传输,则可能需要多极滤波器,这对于产品来说需要增加相当大的成本和尺寸。

由于功率放大器自身会导致信号的失真和非线性特性,因此需要慎重选择功率放大器,以确保它们在其线性范围内工作。这将导致在滤波器服从必要的频带边缘条件下的权衡。功率放大器越是线性,则需要额外的滤波器越少。

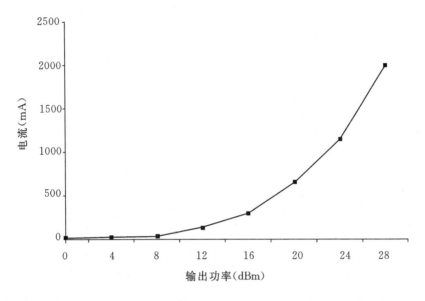

图 9.2 典型功率放大器的功耗

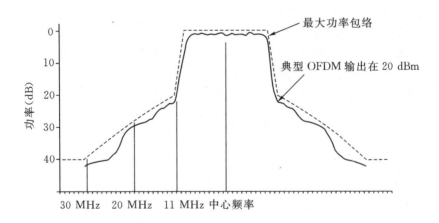

图 9.3 在高功率的频谱包络问题

当功率放大器恰好工作在其额定范围之内时,它们一般都有自己的线性响应。当它们达到额定功率的最大值时,其性能变得更加非线性。一个典型的例子是,对于 1 W 的输出,所需的功率放大器的最小功率可能是 2 W,以保证它能工作在其特性的线性范围内。即使如此,这也可能需要很可观的滤波器数量。如果采用较少的滤波器,那么需要放大器的额定功率可能高达 10 W。然而,放大器的额定功率越高,它的成本和功耗也越大。

在无线设计中添加一个功率放大器是微不足道的。芯片厂商通常会慎重决定他们的器件的输出功率,限制最大输出功率是使器件可靠工作的一个方式。添加额外的放大会使得设计远离稳定范围。

为了解决这个问题,需要在布局和 PCB 设计中谨慎小心。在最好的情况下,被引入的任何噪声将被放大,并加入到输出信号,使之更难以保证信号内的频带边缘条件的要求。在最坏的情况下,它会导致严重失真或不稳定,使器件无法使用。

添加低噪声放大器以提高接收灵敏度通常是一个更加普遍的设计方案。然而,由于系统灵敏度的提高,确保在设计中噪声电平的限制就变得非常重要,否则,这会消除添加 LNA 带来的任何增益。一个功率放大器是否能被添加,重要的是看是否能确保功率放大器带来的噪声不会抵消 LNA 带来的增益。

为了最小化这些风险,设计者应特别注意来自功率放大器和低噪声放大器的供应商提供的数据表和应用笔记中给出的建议。

任何有经验的射频电路 PCB 设计师都知道,布局是至关重要的。在 2.4 GHz 的设计中确保振荡器信号均保持无噪可能会是一个很麻烦的点。在绝大多数 2.4 GHz 的无线芯片中,振荡器所引入到的任何数字噪声将导致严重的性能问题。它通常耦合到产生内部的解调信号的锁相环并且对接收灵敏度产生不利影响。我们需要对振荡信号的跟踪和组件的布局非常谨慎。在可能的情况下,PCB 设计者应该使用接地使得它们与数字信号隔绝。布局不佳引起的噪音可以轻松地摧毁任何通过添加 LNA 带来的增益。

9.1.2 功率控制

有些标准要求对高发射功率的器件进行功率控制，另一些则没有要求。当实现高功率设计时，了解拓扑结构和器件性能允许功率控制与否是非常有用的，如果允许，就可以实现它。

控制输出功率的优点是双重的。当工作电平远远低于最大值时，器件节省的功耗将是显著的。这也有助于减少噪声的总电平进入频带，并使得在一个区域内的所有无线链路更有效。正是类似于满屋子人的嘈杂房间——当在谈话的间歇，声音强度明显下降，并且如果你是幸运的，当谈话重建时也保持在一个相对较低的声音强度。

在拓扑中有大量的节点异步传输，然后其他方面的考虑也开始发挥作用。当所有器件工作在相同的频率时，它变得越来越有可能是在一定范围内的其他设备可能传输到想要自己给自己传输的节点上。这更可能是一个问题，即使一个标准可以令系统工作在一个固定的频率上。标准中经常采用发送前侦听方案，所以节点将使它的传输延迟，导致延迟增加和吞吐量降低。在极端情况下，这可能会导致捷频网络尝试和改变信道，从而造成网络在一段显著的时间内其部分不能使用。传输范围与平均节间距离的比值越大，效果会越严重。当设计这种网络时，就有一个很强的激励来实施功率控制或基于预期的部署来设计功率输出。

9.1.3 滤波

当有接近标准或国家监管机构所允许的最大传输功率电平的设计需要时，必须注意频谱泄露问题，特别是在频带边缘。关键点是频带边缘的上部是留给蓝牙和 Wi-Fi 的，那里的保护频带较窄。数据传输速率越高，调制越复杂，很可能导致更大的问题。低功耗的无线个域网和蓝牙是不大可能遇到问题的，因为它们都使用简单的调制方案，从而可以更好地明确频谱输出。

当输出功率在 18 dBm 以上时，蓝牙和 Wi-Fi 都可能需要额外的滤波,此时最合适的选择是整体陶瓷过滤器或体声波(BAW)滤波器。体声波滤波器才刚刚在市场上出现,其使用会受限于它们的动态范围。对于 Wi-Fi,上带边缘因国家而异,这就呈现了一个问题,由于产品会运到不同的国家,可能需要使用不同的滤波器。

比较使用过滤器的无线产品的成本和复杂度是一个限制最大输出功率的很好的理由。降低最后几 dB 的潜在发射功率,可以增加一倍的 2.4 GHz 无线设计的成本。

9.1.4　RF 匹配、调谐和 PCB 设计

在无线设计中最常见的错误之一是没有使得设计的射频部分内部组件之间相匹配。在 2.4 GHz 频率下 PCB 作为一个器件也需要被设计。

同样重要的是,在 RF 部分之内的所有组件需要相互匹配,通常需要 50Ω 阻抗。如果不这样做可能会导致输出信号的部分或全部被反射回来,只有极少量传输到天线。

在开始进行 PCB 设计之前,需要与你的 PCB 供应商商定材料的等级和过程以及叠层建议。PCB 板层的方式一旦建立将会影响其阻抗和射频(RF)特性。

在布局过程中,要确保所有布线长度保持在最低限度,并且元件焊盘不容许组件的位置发生晃动。布线必须被设计为具有 50Ω 的阻抗,阻抗是由布线的宽度、长度和 PCB 上其他层是什么材料决定的。如果需要很长的天线布线,应确保长度不接近半波长。

接地层需要有规律地"缝合"使用的大量的孔,否则它们的电平会趋向于浮动。在 RF 频率下,绝不能认为一个层上的区域内的电势是相同的。为了尽可能使得接地层整体一致,使用埋焊而不是使用布满板子的通孔焊盘是值得的。电流连接接地层和电源层,最小化层间连接的阻抗,这可以使性能存在显著差异。

在使用了功率放大器的设计中,设计成多种位置有调谐电容器和电感器在电源布线中对 PA 是非常有用的。采取实验的方法

得到器件的最佳位置是允许的。在 RF 设计中得到器件位置所造成的影响是一个很好的例证。只是由于去耦元件的位置而看到几个 dB 的输出功率的变化是很正常的。

虽然在技术上并不匹配,但在 RF 链路中组件的插入损耗仍应慎重考虑。每一个无源元件将导致少量的信号损失。这同样适用于二极管、开关、连接器、电缆、电感器、电阻器和电容器。每个器件或原件典型的损失值只有 0.5 dB 到 1.5 dB,但这些可以很容易地叠加到 5 dB 以上的功率损失而最终到达天线,并且天线还可以增加损失(稍后我们会看到)。如果一个组件被同时用于发送和接收链,对整体链路而言插入损耗需要计算两次。插入损耗是无法避免的,但元件的正确选择和限制元件数量可以使损耗大幅减小。

RF 部分的设计务必要考虑使用的屏蔽盖。在 PCB 设计中合并安装焊盘是值得的,即使屏蔽盖最终未使用。一些国家的条例可能要求一个嵌合,特别是如果含有用户可访问的无线电设备 PCB 板的情况下。

9.2 天线的选择

缺乏相匹配就可以毁掉一个很好的设计,同样地,天线的错误选择也会带来这样的后果。有很多公司都会去制作天线,但它们往往很少想到在应用中选择最合适的一个。

天线有四个主要参数,这些参数对短距离无线通信设计师来说是很重要的。

9.2.1 增益

所有天线都会对信号造成影响,无论是放大还是衰减。这被称为天线的增益,单位是 dB。添加增益的链路预算,在一个共享天线的设计的情况下,会影响同时发送和接收信号,所以在链路预算中有两方面的影响。正数增益通常与定向天线联系在一起,增益通常集中在一个方向上,这是以降低其他方向上的灵敏度为代价的。在另一个范围内,负增益通常出现在小的陶瓷或印制天线上,其中元件的大小相比波长是相当小的。

9.2.2　方向性

某些天线被设计为高度定向,特别是在需要被发送的信号在遥远的两点之间的情况下。对短距离无线通信,设备经常移动并且天线的方向将是不确定的,通常会倾向于选择全方向辐射方向图,这样可以使设备的方向没有太大影响。

当用于天线时,"全向的"是一个相当宽泛的术语。大多数全向天线的分布图像一个鸡蛋形的甜甜圈,至少有两个到一个穿过球体的增益变化。其他天线,例如印制 PCB 天线,在其空间的增益分布可以有更大的变化。

9.2.3　结构(技术)和大小

天线有许多不同的形状和大小,虽然这是一个相当明显的参数。尺寸和性能之间有一个相当不错的关系——一般来讲,天线越大增益越大。为了容纳方向性元件,高度定向天线通常较大。

天线的结构可能会影响其性能,特别是其频率响应。小型陶瓷贴片天线可以提供良好的全方位性能,但对于一个给定的增益而言,往往是比大一些的外置天线较昂贵。它们还表现出一个带通特性,即在通带以外可以具有陡峭的衰减。利用这个有利的特性可以减少带通滤波的需要,但也会使这些天线更容易受到天线失谐。

9.2.4　失谐

关于天线,我们至少应考虑的方面之一是它使周围失谐的能力。天线被设计成具有中心频率在其所需频带的中心。根据天线的特性,其增益(一般测量回波损耗)可能不会扩展很多之前的频带(图 9.4)。这些特性通常所引述的天线是位于一个无限大的接地平面的最佳距离。

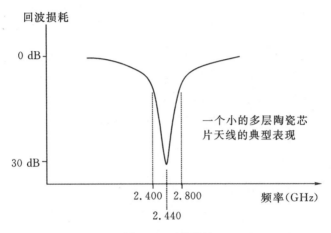

图 9.4　天线特性

在小型便携设备中,天线很少有任何类似位于无限大接地平面的情况。对于灵敏天线,其中小陶瓷天线是一个很好的例子,缺乏参考地意味着天线的中心频率可以根据它周围的结构而发生显著的改变,如塑料盒、人持有或穿着的用品(图 9.5)。

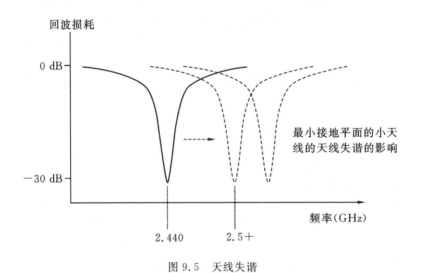

图 9.5　天线失谐

对于随身携带的设备,如耳机,当它从实验台戴到耳朵上时天线的中心频率移动 100 MHz 是很正常的。这可以使天线增益完全超出 2.4 GHz 频带,导致实际输出功率几十 dB 的下降。如果您使用的是便携式设备中的小天线,那就有必要选择偏移中心频率的天线,这样当它正常工作时就会"失调"回到正确的频率。如果你这样做,要确保测试是在分析模式下进行,而不是在空中。

通过将天线连到网络分析仪可以很容易地观察到响应,供给在 2.4 GHz,然后把一个手指靠近天线并且观察其偏移。

9.2.5　极化和天线的辐射特性

天线的一个经常被遗忘的方面是极化。我已经在之前的章节讨论辐射图时提到过它,但许多类型的天线也是极化的。这意味着,如果发送和接收天线是彼此正交的,那么非常小的信号将被接收。

对于小型移动设备而言,极化天线带来了一个真正的问题,即两个天线的相对方向可能要不断地改变,从而导致似乎是一个随机的链路预算。除非有一个具体的要求并理解极化天线带来的问题,否则最好是避免它们。

9.2.6　接地平面

接地平面是天线设计的一个不可分割的一部分。当你阅读天线数据表时,你看到的性能数据就是一个最佳的接地平面。在实际的设计中,天线的接地平面可以是不同于该最佳性能的,导致的必然结果是性能可能被降低。即使推荐的地面平面可以被精确复制,其他附近的金属件在设计上可能仍然对辐射方向图的效果有影响。

为了达到最佳性能,重要的是要尽可能地近似复制推荐的接地平面以及天线馈电。天线制造商设计的方式是有很好的考量。如果你需要调整它,那么就尝试用各种不同的小的印刷电路板替代品测试,然后再为你的主板选择设计。

9.2.7 天线类型

短距离无线设计中常用的一些天线类型如图9.6所示。对于大多数使用情况,要求是只覆盖小的距离,那么通常使用全向天线,因为两个设备的相对方向既不知道也不固定。定向天线最好适用于专业的、远距离的应用。毕竟,这是一本关于短距离无线的书。

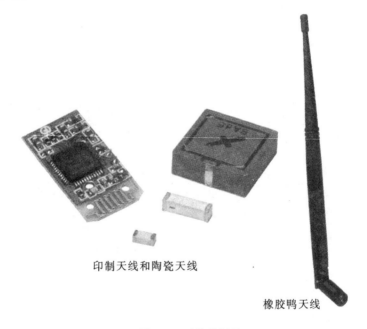

印制天线和陶瓷天线

橡胶鸭天线

图 9.6 天线的例子

9.2.7.1 印制(PCB 和分形天线)

对于最低成本的设计,天线模式可以被包含进 PCB 走线中。印制电路板天线,往往是容易失谐并能表现出方向性。其中一些是可以通过更复杂的印刷分形几何设计来克服的,虽然后者的技术涵盖多项专利。我们还需要在低成本的印制天线和走线所需的额外 PCB 的尺寸之间进行权衡。

如果要求是在只有很短的范围内,不超过几米,那么几乎所有的小短线 PCB 走线可能证实都是足够作为天线的。

9.2.7.2　螺旋天线和橡胶鸭天线

橡胶鸭天线常用于接入点，或者需要可拆卸天线的地方。它们由覆盖有橡胶或塑料外壳的螺旋式线圈组成。常用型号提供了从 2 dB 到 7 dB 的有用增益，并且与它们的长相正交的平面具有最高的灵敏度。小螺旋天线成为表面贴装形式可直接放置在印制电路板。

大多数橡胶鸭(和其他可移动)天线配备了一个 SMA 连接器与反向螺纹。反向螺纹的历史是有很趣的。FCC 授权它的理由是在当时无线电设备日益流行，大多数天线都有一个正常的螺纹。由于在一个认证的设备上改变一个天线在技术上是非法的，FCC 颁布的底盘连接器应该有一个反向螺纹，因此标准和商业天线将不兼容。可以预见的结果是，现在几乎不可能获得一个与标准螺旋符合的天线——反向螺旋已经成为一种常态。(用户更改大多数射频设备上的天线在技术上仍非法。)

9.2.7.3　陶瓷天线

在多层陶瓷芯片天线上小巧、便携的无线产品的增长已经看到了相当多的创新。这些天线大小范围从小到 0.5 mm×1.0 mm 的产品到较大的 25 mm² 的组合天线。贴片天线的尺寸越大，就越有可能是容易失谐。

贴片天线的增益范围从 −5 dB 的贴片到 ＋2 dB 的贴片。较大的贴片天线往往有更好的指向性。

9.2.8　多样性和多天线

虽然大多数无线产品只使用一个单一的天线，但使用多个天线其实是有优势的。通过使用不同方向的接收天线，则最佳接收信号可以被选择到，以帮助增加接收范围。这是特别有价值的短距离无线通信，在室内安装可以导致可变衰落和传播。

受益于多个天线，芯片的射频电路需要能配合多个馈电。多年来唯一共同的实现是一些 802.11 芯片组，它支持天线分集。最简单的多天线方案是,其中一个天线总是用来传输,但两个天线用于接收器。接收器接收两个输入信号中较强的一个并使用这个信号。

一个更复杂的变体是空间分集,其中两个输入的内容相结合,加以额外的处理来产生比任意独立天线更好的信号。

802.11n 预示着更先进的天线技术引入 MIMO 的到来,多个发射机和接收机连接到单独的天线,以提供一定程度的波束形成。这可以使得无线链路更具方向性,提供一个超过一个全向天线的有用覆盖范围的增加。虽然这些技术可以适用于任何无线标准,但它们在实践中的成本却是高昂的,除非它是由标准硅和硅的衍生品构成的。

9.2.9 最后一点关于天线

最后一个关于天线的评论是不将天线封闭在一个金属箱内,或使用一个金属或导电塑料罩。令人惊讶的是,一些工业设计师仍然认为无线电可以工作在法拉第罩中。

9.3 共存

公司产生一个在构建中完美的无线设计,才发现他们自己失败在支持调用时其他地方的表现未留下深刻印象或不存在。在许多情况下,那也就是干扰的结果。所有 2.4 GHz 标准共享相同的频谱,这取决于你在世界上哪个地方,也就是说各种专有收音机、微波炉、无绳电话和工业设备的环境。如果有足够的发射机在工作,则一切都将陷于停顿。

坏消息是下面这个问题可能是最不严重的,即随着越来越多的产品都使用这个频段运输,某天你运输的第一件产品会随着时间的推移变得更加糟糕。随着时间的推移,事态可能会提高标准采用更好的干扰缓解战略和重度使用者移动到更高的频段,如5.1 GHz。但是这里并不能对此做出保证,因此设计师需要做两件事情：

- 在各种不同的位置彻底地测试他们的产品；
- 看看如何建立干扰抑制策略。

9.3.1 干扰抑制

  令人惊讶的是，非常小的不同标准已经依据接受共享频谱的问题和发展战略来应对它们。尽管一些工作已在 IEEE 802 组执行，它还是被纳入到 Wi-Fi 或 ZigBee 标准。蓝牙从一开始就采用跳频策略，并在其相当早期的阶段采用自适应跳频方案来得以增强。移动到频率清晰的频段可以带来双重收益，也可以避免干扰到位于附近的固定发射器。然而，对信道的最小数目，它采用的是有限的 20，与某些国家规定大小相同，以确保所发送的能量扩散到整个频谱。这意味着如果整个频谱被其他静态或缓慢调频的无线发射机占用，则蓝牙会被严重干扰。

  当着手 Wi-Fi 或 ZigBee 设计时，值得利用它们提供的干扰缓解方案。这两个标准在一个固定的信道正常传输，大多数产品还以传输在具有相同的默认通道作为标准。如果你的标准容许，选择一个不同的信道作为你默认的信道是一个明显的优势。这对 ZigBee 技术是特别有用的。两个标准还提供了在区域扫描之后选择信道的动态能力。此外，自动设置一部分的装置也是一个明智的做法。最近的 ZigBee Pro 标准提供一个网络遭受干扰时选择一种新的信道运作的选项，它应被视为任何商业销售产品的一个基本特征。

  接收机的良好设计可以很有帮助，比较不同芯片的性能也是值得的。布局的性能由于不同制造商甚至同一制造商的不同代的芯片而差别很大。这是一个不在数据表并且需要通过物理测试评估的参数。当干扰设备位于彼此的范围之内时，这可以造成一个产品的工作和不工作的区别。

  没有什么方法可以对抗在同一频带内来自其他不协调的发

射器的干扰。在可能的情况下,尽量限制输出功率以达到可靠运行所必需的最低限度。它可能无法帮助你的产品,但它会帮助减少干扰其他发射器。运气好的话,它们将采取相同的策略。

9.3.2 服务器托管

服务器托管是两个不同的无线电位于同一台设备内的特殊情况。最常见的例子是蓝牙和 Wi-Fi,但也有其他组合存在,包括其中包含在同一频带中操作的专有的无线电。当它们异步工作时还会有一般的干扰问题,托管引入新的和潜在的更多有关前端过载的问题。

当一台发射器与一台接收器毗邻时会发生前端过载,导致比接收器设计功率高得多的输入信号。当这种情况发生时,接收器可达到饱和并且可能需要相当长的时间来恢复进而导致它丢失了它应该接收到的信息。

当两个无线电位于足够靠近的一个单一设备时,重要的是它们要共享关于彼此何时发送或将要发送信息,以便它们可以相互配合。这不是一个简单的任务。为了能够足够快速地反应,无线电通常需要能够在基带级通信。

有些芯片组提供的各种信号可用于实现基本的托管计划,通常通过当传输将要发生时延时传输和预先告知其他设备。没有标准化的托管方案——不同的厂商会采取不同的方法。受限的互操作性在这些方法和来自不同供应商芯片相结合的效果是不可预知的。

如果你计划在设计中把蓝牙和 Wi-Fi 放在同一位置,那么是有新一代包含无线电的手机行业联合设计的芯片组。许多这些芯片还包括蓝牙低能量的支持和新的 3.0 版蓝牙标准,其规定了要使用蓝牙 802.11。两者的无线电都由一个制造商提供,它们通常采用专有的信令来优化托管。如果你的设计需要这个组合的无线电标准,那么这些都可能提供最佳的托管性能。

9.4　功耗

几乎没有任何共同之处的不同标准的一个区域是它们对待功耗的方式。随着它们的成熟,绝大多数开始于一些非常基本的概念已经逐渐演变。今天,每个标准的最新版本都提供了多种选项可以帮助降低功耗。可惜的是,很大比例的设计进入市场后,仍继续使用旧型号的规格或不实施最有效的电源管理策略。发生这种情况的原因之一是电源管理没有强制规定。相反,在标准范围内节电技术作为一个工具集存在,它可以被用来增加产品的电池寿命,这往往需要有对规格参数的细致理解。

互操作标准的问题之一是电源管理,这往往取决于它在链路两端的正确实现。若不能,或使用不同版本的标准,可能的情况是一个 Wi-Fi 接入点和笔记本电脑,实际功率处理往往默认为最小公分母。更常见的情况是,已经被引入产品的特性在现实世界中部署时没有被使用,因为两端都需要支持它们。由于这个原因,设计师可能要考虑如果连接到另一端,产品应该如何工作,据称互操作性并不支持电源管理模式。这种情况可能会对电池寿命产生负面冲击,那么输入另一个操作模式可能是明智的,或通知用户这个问题,如果有一个可用的用户界面的话。

在每个标准中都进入不同技术精细细节的讨论超出了本书的范围。有兴趣的读者,可以从其他详尽介绍这方面知识的书籍或从组织本身的标准和白皮书中得到有关最新信息[1,2]。我们将覆盖许多与设计相关的基础知识。

如果功耗对于你的设计而言是一个重要参数,那么就要从调研你打算使用的最新的芯片组和无线标准的最新版本开始。芯片组厂商和标准组织都努力工作以降低每个新版本的功耗,他们是在其主要客户的巨大压力下这样做的。因此,具有相同功能的实现可以期望看到增量和经常有用的总电流的减少,只需移动到一个新的芯片或堆叠。

9.4.1 忙闲度

第 2 章中解释了功耗的基本信息,这是为了集中精力有尽可能多的时间保持休眠。电池供电设计需要开始于了解它们如何能减少大量的时间,需要在剩下的时间被唤醒来通信和到达一个低功耗模式。

理想情况下认为关闭所有无线电,接收机就可以收到与发射机相同的电流。与有线系统不同,它们的电话或以太网端口没有能力对信号做低级别的监控,然后用唤醒调制解调器或局域网卡的方式可以唤醒一个外部信号。因此,设备需要唤醒策略来看它们是否正在请求响应到控制设备,否则就基于本地事件发送数据。

唤醒时间通常由控制装置设定。低功率单元应被告知它们所需要被唤醒的时间,以设置低功耗时钟并且及时唤醒来稳定接收任何传输的输入。它们通常有一个窗口集,之后,如果还没有收到任何数据的话,它们会返回到睡眠。或者,它们可能通过假设接收设备总是监听和唤醒来异步发送数据或轮询,看看它们是否有数据或指令等待被检索。

没有一个系统在本质上是更好的。最佳的方案将取决于被转移数据的量、忙闲度和主设备指导伺服器的能力。最重要的是,除去在活跃的通信外应尽量减少设备唤醒的时间,因为这是在使用电池。响应时间是重要的,因为与人机接口设备(鼠标和键盘)或控制电路(其范围从机器人手臂到过程控制阀)低延迟响应将决定连接的周期和睡眠模式是可能的。虽然这会带来妥协,但为解决这些应用程序的无线标准也制定了具体的方法,如像低耗电监听模式的蓝牙版本 2.1 及以上。ZigBee 和蓝牙低耗能用非常敏感的协议解决这个问题,让它们在大部分时间休眠,也能快速唤醒。

重要的是要记住,无线设备可以做更多,不仅仅是能当它们需要将数据发送时唤醒。一个很好的例子是报警。它们可能只希望一年操作一次或两次,但它们可能需要报告说它们在运行中并定期指示电池状态,这也许是每隔几秒钟就要进行的事。电源要求工作完全脱离传输管理是正常的,即使它们负责无线电力总预算的 99%。常常被人遗忘的另一个项目是在初始配置的功耗,一个设备可以保持供电几分钟,耗尽绝大部分的电池寿命后它才开始运行。记得要考虑到无线电所做的一切事情,以及你允许用户做的影响到电池生命的一切事情。否则,当它被部署时你可能会得到一个不受欢迎的惊喜。

9.4.2 休眠模式

当无线电进入睡眠状态时,它通常会从一些不同可能的睡眠模式中有一个选择。这些在标准范围内可以指定所属芯片的制造商或两者的组合。

存在多种模式的原因是,不同的应用程序需要的芯片可以以不同的方式来响应一个唤醒。许多芯片通过每次上电时使用外部存储器或主机处理器固件代码下载到 RAM 中来节省成本。(使用商品外部储存与主芯片集成在同一个卷内的闪存相较是便宜的。)对于从睡眠最快的启动速度,芯片不想重装,所以几乎所有睡眠模式保持在一个足够的电平供电的 RAM 以允许它保留自己的内容。这是补充更深的睡眠模式,通过低精度 32 kHz 的时钟和监视器,检查一个或多个指定的端口上的一个唤醒信号,将逐步关闭更多的电路来达到设备是完全关闭的地步。其中,启动时间可能需要更大,这是另一种妥协。

设计师需要察看不同的睡眠模式消耗和响应时间之间的平衡,权衡相互冲突所要求的响应时间和整体的电池寿命。

9.4.3 功能电路

重要的是要确保设计的无线元件的优化,以使用最小可能的功率。但在许多情况下,它可能不会是在设备电源的主要消费。经常可以看到很多时间花在优化无线电上后,才发现它仅负责总电流消耗很小的百分比。

　　每个应用程序是不同的,所以有没有硬性规定。设计师应确保在休眠模式下,电路的其余部分可以以相似的速率进入和退出睡眠模式的无线部分,无论是高功率或等待其他。而大多数的无线芯片是专为非常良好的睡眠模式性能而设计,许多其他电子元件同样是不真实的,所以这些应该选择尽可能多地照顾休眠电流消耗无线电本身。

　　设备寿命中电流消耗的主要来源是处于睡眠模式的正常电流,特别是在涉及非常低的占空比时。应始终确保一个审计功耗包含了每个部分的电路,以及每个部分的不同运行状态。

9.5　拓扑结构的影响

　　为已提供简单更换电缆连接的两个设备解决功耗参数是困难的。拓扑结构变得更加复杂并且设备需要融入一个更复杂的连线时间表,它们最终可能会需要更长的时间保持唤醒,并引入功耗计算的另一个因素。

　　扩展成星形或网状网络变得更加重要,尤其是如果它们允许低功耗器件来参加多个主机或路由器连接,这可以控制它们的低功耗模式。在这种情况下,多个连接可能会执行不同的工作周期和睡眠模式。这将导致设备可能捕获到应对冲突需要的所有时间需求的状态。在这些更为复杂的拓扑结构中,重要的是要了解网络功耗控制的各个方面。类似的情况可以发生在 Wi-Fi,作为在接入点之间漫游的移动设备。如果不同的接入点支持不同的睡眠模式,客户端设备可能会被迫进入一个比设计师意图要稍差一些的电源管理模式。

　　总是假设额外的复杂性可能增加功耗,尝试模型的最坏情况也是如此。

9.6　超低功耗和能量采集

低功耗无线电的圣杯是移除对电源使用而依赖于能量的采集。实施 802.15.4 和蓝牙低功耗的性能更好的芯片刚好能达到这一点,它可以使用热能或震动功率来使它们工作。

其他方法,如 EnOcean 等公司的超低功耗芯片的高度优化的无线电模式,使它们能够利用压电元件从开关处产生的能量来工作。

自供电无线传感器领域在未来几年内将开始腾飞。今天它只是成为可能,但需要高度重视的元件选择、电源管理和连接的占空比。随着下一代的芯片和预期改善睡眠电流,市场很可能大幅增长。

9.7　温度

虽然没有无线标准指定的温度范围,但当调查市场上的芯片和模块时,会发现几乎所有设计都更加明显偏重于消费类应用,其可用温度范围由 0℃ 到 50℃。几个针对汽车市场厂商的产品,可适温度范围延伸到 −40℃ 至 +125℃,还有一些模块可以达到 −40℃ 至 +80℃ 的工业温度范围。

不要出现这样的错误,即假设无线芯片的评分为 0℃ 至 50℃ 就让其在一个更宽的范围内工作。该芯片中的许多组件具有温度依存性并且这些可能严重影响性能甚至停止它们的工作。几乎所有的短距离无线消费设备很少工作在人体舒适度温度范围 10℃ 至 40℃ 以外。因此,超出这个范围的设计可以说是一个令人惊讶的复杂命题。

如果你的产品需要工作在扩展温度范围,第一个任务是确保所有部件的额定工作温度超过这个范围。尽管这可能是听起来微不足道的工作,例如晶体振荡器组件是专为消费类应用而设计的并且在极端的范围内其准确性很少指明。确保每一个组件有适当额定是至关重要的。

请注意,如果一个参考设计的重要组成部分,如晶体或平衡-不平衡转换器,需要被改变以达到正确的温度规格,那么该产品将很可能需要进行重新确认,或至少通过增量审批。这意味着,扩展工作温度范围可能是一个昂贵的工作。

9.7.1 工作在 0℃ 以下

一些单独的影响可以发挥作用,如在较低温度下操作无线设备。最严重的情况是接收器"失聪",它经常在 $-25℃$ 左右时出现。重要的是从每个供应商测试一个好的芯片范围,以确保你的设计具有代表性,否则取得选择边缘样本测试。在启动时让高功率的设计包含一个小的 PCB 上的加热器来提高芯片的温度,这个特殊的问题就可以得到缓解。一旦这些正在运行,模具温度通常会上升到一个它可以正常工作的点。然而,这是一个极端的方法,寻找替代芯片通常才是更安全的做法。在低功耗产品的情况下,装有加热器会减少电池的使用寿命,所以唯一的办法是选择其他芯片组。

另一个常见的问题是在振荡器电路的漂移,无论是在芯片内部或外部晶体。虽然这些可能会停止正常工作的设备,有一个很大的可能性,即它们放宽频谱要求使得标准测试失败。如果原因是在外部晶体,通常它可以通过用高规格的晶体或在极端条件下用一个温度控制振荡器来解决,虽然这将增加成本和电流消耗。如果效果是在功率放大级,那么它也许能纠正温度补偿电路。如果不是,它一般要求使用另一种芯片组。

9.7.2 工作在 50℃ 以下

在更高的温度,振荡器漂移也会存在同样的问题。在这种情况下,温度控制振荡器是不太可能有很大帮助的。

更严重的问题,特别是对于具有更高功率的芯片,将会发生过热。如果可能的话,这可以包含在较高温度限制的输出功率,无论是通过使用活跃的热补偿电路,或通过测量电路板温度和使用软件,以减少输出功率到一个可持续的水平。

对于运行高负载循环或电流输出功率 10 mW 或以上的单芯片解决方案,提供主要的无线芯片的散热可能是必要的。如果在高温下需要更高的功率,那么一些昂贵的冷却措施可能也会需要。

9.8　参考文献

[1] Bluetooth Special Interest Group, *Bluetooth Sniff and Sniff-Subrating Modes Whitepaper*. www.bluetooth.org/DocMan/handlers/DownloadDoc.ashx?doc_id=125640.

[2] Wi-Fi Alliance, *Support for Advanced Power Save for Mobile and Portable Devices in Wi-Fi Networks*. www.wi-fi.org/white_papers/whitepaper-120505-wmmpowersave.

第 10 章　实际的注意事项——产品、认证和知识产权

许多设计者在对一个无线产品制造和销售中可能面临的许多实际问题缺乏认识和思考的情况下就争相进入这个领域。相比于一般的电子设计,无线产品有更高的要求。制造商是否愿意将他们的产品放在市场上并确保产品的合法性,这些都是需要(被设计者)理解的。

本章就是着重介绍这些问题,以便设计者在着手于无线设计时能够找到最实用的办法。如果这些问题被忽略了(正如它们常常被忽略),在之后修正错误上产生的成本会远超剩余的设计工作的花费。

10.1　监管批准

据我所知,在任何地方出售电缆都是合法的,因为接通一根电缆根本不足以产生影响其他产品的电磁辐射。然而如果是将电缆换成无线发射机,那么一切就不一样了。

尽管我们讨论在未注册的 ISM 频带上使用无线电,但它并没有授予设计者随意使用的权利,产品仍旧必须遵守严格的规则并且厂商也必须证实自己的确满足了这些要求。这些规则的存在是为了确保频谱的使用对每一个人都是开放的,同时尽量减少相互之间干扰的可能性和程度并防止任何单一的产品垄断太多的频谱资源。尽管这些规定因不同的国家而异,但它们通常会限制最高发射功率等级和在频谱中的总能量。

20 世纪 90 年代末期,蓝牙技术联盟(Bluetooth SIG)在世界

范围内游说各监管机构,试图获得一个更规范的竞争环境——在 2.4 GHz 与射频传输等量的频带和与射频传输相同的要求。这些努力获得了很大的成功,但还是存在一些差距。

在无线电使用频谱的办法这点上,例如它的调制方式和信道宽度,其参数都是由基于每一个管理者的立场所制定的标准定义的。同样地,总传输功率也通常会被这些标准限制。尽管如此,依旧有一些明显的例外是二者不一样的。

应该注意到,最关键的一点是与无线电的可用信道数量的差距和在最大输出功率方面的限制。对于制造商来说,如果他们的产品将要运往有着不同要求的国家时,他们需要预先设定不同的制作方法以保证生产出各国家特定的产品。

这些规定是会变化的,所以生产厂商和设计者,或者国家监管部门,要不断地去检查他们的产品测试机构,以确定产品是否满足他们想要出售产品的国家的最新标准。

在产品可以发货之前,它需要被测试以确保满足所销售国家的要求。如果有合适的专业技术和设备,这些测试可以在内部完成,但它们通常是由外部测试机构进行。关键的要求集由以下定义:

美　国:FCC[1] Part 15.247;

加拿大:ICES-0003[2],RS-210A8;

欧　洲:CE[3],ETSI 300 428 RF,ETSI 301 489-1,ETSI 301489-
　　　　17 和 EN60950[4];

日　本:TELEC[5];

中　国:CNCA China Compulsory Certification(中国强制性
　　　　产品认证,CCC)。

除此之外,其他的国家也有自己的要求,但总体上都是与 CE 和 FCC 的要求相似。在某些情况下,他们也会接受经由 CE 或者 FCC 的测试报告。

如果产品要在欧洲范围内销售,制造商不需要专门提交符合要求的证明,但在技术文档中必须包含能够表明满足要求的测试结果。如果产品是销往美国的,那么必须要向 FCC 提供测试证明并且在发货之前就获得许可。这些产品需要参照 FCC 的许可号，来区分是专用设备或是家用的。

10.1.1 模块化审批认证

一些监管部门特别像 FCC，允许模块化提交审批。这些产品随后会获得一个可以被制造商引用的模块化认可，以减少或者免除更多的射频测试，但这仍会施加严格的要求以决定产品最终是否需要重新测试。最常检测如下几个方面：

- 天线。模块化审批会指定用于认证的特定天线。如果安装了其他任何天线，那就需要增加一个重新测试；如果天线增益超过了在模块化审批测试中的增益，那么可能要彻底重新测试。
- 大多数人都认为如果模块包含一个射频连接器，那么任何天线都可以使用它，但这其实是荒谬的。使用非指定的天线会使得认证失效。然而，通常说服模块制造商去申请一个额外的包含可选择天线的审批，这样比一个完整的审批要便宜得多。
- 多模块。如果在一个设备中使用多个不同的无线电模块，大多数的监管机构将不仅不会接受各个模块审批证书的组合，而且还会要求进行重新测试来检查多个无线电模块组合之后的效果是否仍旧符合国家标准许可范围之内。当各个无线模块之间存在任何方法交互来同步它们的传输时，几乎总是会被要求重新测试。
- 附加的放大器。模块化审批不允许对无线输出部分做任何更改。如果在信号输出和发射天线之间添加任何放大器或者其他电路，那么需要彻底重新测试。

10.1.2 其他注意事项

要注意，很重要的是这些审批包括整个设备，而不只是无线部分。如果使用预先核准的模块，那么模块供应商的认证许可可以作为产品无线部分的合格性证明被提交,但制造商仍旧需要在产品能够合法在市场上销售之前为其完成整个审批过程。

10.1.3　无线电与通信终端设备指令(R&TTE)

在大多数的欧洲国家,输出功率低于 10 mW(+10 dBm)的产品只要能够达到 CE 的有关要求就可以自由出售。一旦输出功率超过 10 mW,情况就会有所变化,产品不得不等待每个国家监管机构参照无线电与通信终端设备指令(R&TTE)的通告[6]。在未来的某个时间要求可能会发生变化,可是只要存在像法国这样有着不同要求的国家,就会导致市场的不统一,那么供应商就必须遵从这一过程。

任何人设计的 Wi-Fi 产品只要在正常模式下发射功率超过 10 dBm 都需要去经历这个过程。大多数蓝牙和紫蜂(ZigBee)的产品发射功率多在 0 dBm 到 6 dBm 之间,因此它们不需要 R&TTE 的通告。

提交产品时制造商需要填写并递交一个相应的表单。在欧盟委员会企业电子商务服务门户网站上,这是一个自动的过程。网站简化了这个过程,并涵盖了最多的参与国家。材料必须在产品第一次预售的三个月前递交,所以这个时间表应当进行规划并传达给销售和市场部门。在三个月过后,产品就可以出货了,如果被个别国家承认了也可以提前出货。这个通告除了瑞士会收取象征性的费用之外,其他国家都是免费的。

10.2　吸收辐射率——SAR

如果产品会被穿戴或者与皮肤有密切接触,则会附加测试其吸收辐射率(SAR)[8]。在一般情况下,这种测试对于会在距人体 20 cm 之内定期使用的产品都是有必要的。

10.3 医疗、汽车以及航空市场

在这三个市场中,无线是一个相对较新的领域,有着大量的审批标准和法律法规。因此,即使有一个行业统一的审批标准,实际部署的设备有可能仍旧处处不同。一个典型的例子就是各个医院之间对于 Wi-Fi、蓝牙和紫蜂的使用标准不一,有些医院全面禁止这三种无线设备而其他医院则有完整的基础设施和无线覆盖。在航空市场方面也是类似的,一些航空公司允许使用蓝牙和 Wi-Fi 而另一些禁止使用。

随着时间的推移,这些准则可能最终会统一并允许通用的无线使用。在短期内这意味即使在同一座小镇中一些地方可以使用无线而另一些会不允许。鉴于无线链路并不需要一直保持连接状态,所以为了让人们放心地安全使用,在产品上添加一个明显的关闭无线网络功能(通常被称为飞行模式)是非常有必要的。

在医疗行业市场上,康体佳健康联盟(Continua Health Alliance)[9]正在扮演一个行业团体,试图对医疗器械中应用的数据格式和协议进行标准化,为其使用的法规在一定程度上带来一致性。现在在它们的指引中支持蓝牙 BR/EDR,且会在下一个版本中增加紫蜂和蓝牙低功耗技术。

对于医疗器械领域而言,最主要的监管机构是美国联邦药品管理局(the USA's Federal Drugs Administration,FDA)。尽管它只负责监管在美国境内销售的医疗产品,但它具有最严苛的要求和广泛深远的影响力,是最大的监管障碍。多数情况下,如果一个产品能够达到 FDA 认证,那么它可以达到其他任何国家的要求。

FDA 为制造商发布了指引以帮助他们通过认证过程[10],然而 FDA 多数的经验都是基于传统的显示和电缆连接。可以直接把数据发送到电子健康档案的无线通讯和设备是一个新的领域。Bradley Merrill Thompson[11]对由此引起的问题提供了一个很好的综述。

10.4　出口控制

全世界的政府都对那些他们视作军事或者政治威胁的国家的科技进步极为敏感。随着消费产品的科技含量提升，很多产品都被列入到禁运或限运的名单中，这些产品需要官方的授权才可以出口。尽管很多国家都实行"双重用途"政策，即将不可访问和安全出口视作技术嵌入到消费产品中，但在有关当局登记出口意图常常仍旧是需要的。

加密技术仍旧是严格控制的技术，这是无线社区的不幸。由于不同的无线标准不断引入更高的加密技术到它们的核心标准中以保护其无线链路的安全，它们已经误入了被控制技术的领域。对于大多数国家来说，控制水平使得加密密钥大于 56 位，其中包括本书中涵盖标准所推荐的更强的加密技术。

除非是采用一些低安全等级，某些设备比如耳机和光控开关，否则制造商需要为他们的产品获取一个出口许可。首先，处理此事的国家机构应该遵守过程并达到适当的水平。甚至当一个产品仅仅向一个国家出口时，审查仍是必要的，向非意图客户出口仍被视作非法行为，制造商可能会要为此负责。

不过应当注意到，可下载软件或者固件升级并不违反出口控制条例。比如消费者在一个加密被限制在 56 位的国家购买了一个产品，他可以从互联网上在另一个 128 位加密的国家下载安装升级。在大多数政府看来，公司如果设计了会发生这样情况的一种产品，它们可能被视为违反了出口控制。

申请出口许可时，非常重要的一点是需要考虑到涉及这个产品及其被控制的部件的全部国家，特别是当产品可能在一个国家设计，另一个国家制造，而出口到第三个国家时。

出口控制的立法同样也适用于转让设计和制造中的数据，所以如果设计团队遍布在全球，应当征求它们的建议。大部分的政府部门还没有与设计信息如加密软件等可能遍布一个公司设计部门的许多不同地方这个现实妥协。如果存在疑问,向每个相关国家的政府部门征求建议,如果可能的话最好得到它们的书面确认。

10.5 基于标准的认证和知识产权许可

在本书中讨论的所有主要的既定标准都执行着自己的项目。尽管这些项目通常被看作一个筹措资金的行为,但它们确实给予了制造商很多好处。

首先最明显的好处是它们确保了产品能正确地实现标准,这反过来也给了那些有同样资格的制造商使得产品具有更好可互用性的信心。

最重要也是最难理解的好处是,它给予制造商利用和出口包含在标准中的知识产权的许可。根据特定的标准机构,这也许会涉及到一定的附加许可费用。同时,这也给予了制造商在市场销售产品时使用名字和商标的权利。

理解这一点意味着明白什么是非常重要的。如果一个无线产品不合格,那么它将没有权利使用标准组织及其成员在标准中有关技术的知识产权。不论是标准本身还是其成员,只要是知识产权的所有者都拥有权利通过法律手段制裁侵权公司。

一个标准的存在并不意味着一个公司可以有自由使用它的权力或者拥有其知识产权,想要使用它必须遵照拥有该标准的机构的要求。

每一个不同的标准个体对此都有些许的不同,但都满足一个总体的原则协定。这个出发点是,如果你想使用这个组织的名字来描述你的产品,比如蓝牙、Wi-Fi、紫蜂,你需要与该组织签订法律协议。它们都把名字注册为商标,只有签署了商标协议之后才会给你使用权。

签订的协议会对如何使用标准中的知识产权附加额外的约束,你需要确信会遵守该机构建立的资格项目,同时也要同意不会修改产品使之工作在标准范围之外。相应地,你也可以被授予使用名字和商标的权利,以及在其标准中对应的全部知识产权。

这里还有一些次要的细节。一个是知识产权的覆盖范围,这些权利是包含在已发表的标准中的。不同的标准机构会对其成员施加不同的要求。作为一般性规则,任何一个对标准有贡献的公司都会同意建立任何它们所拥有的被纳入标准中的知识产权,并且对全部用户开放。这也许是一个 RAND(合理且非歧视)的基础,即知识产权的所有者有权利索取合理的许可费用(尽管它们很少这样做),或者是一个 RANDZ 基础,即知识产权的用户被免除任何形式的许可费用。

在标准发布之前,标准组织会进行知识产权审查来确保标准中没有非会员持有的专利(当你加入标准后相当于你同意"捐献"出你相关的知识产权)。专利的查找不可能达到 100% 覆盖,总是有可能在日后发生一些状况,但它给出了一定程度的保障,保证标准不会侵犯其他的专利。显然,标准组织拥有更多的成员,就拥有更多的知识产权,也会提升对标准保障的等级。

公司需要特别关注标准覆盖范围的等级。蓝牙覆盖了整个无线系统,包括从无线电到应用级的接口,而紫蜂和 Wi-Fi 则不是,它们都采用了 IEEE 标准群中的无线部分的标准。很少有公司参与到它们的发展中,所以使用其他地方已有的专利对于制造商来说是一个很大的风险。最近在 802.11g 中发生了一个案例,有研究机构起诉了多家 Wi-Fi 公司对核心 OFDM 编码专利侵权[12]。制造商应该在使用标准时进行风险评估来决定它们是否要预算未来可能的许可费用。

表 10.1 指示了目前不同的标准所需的资格认证要求状态,这些都是随时间变化的,因此需要的话可以查询各个机构最新的状态。

表 10.1　短距通信标准的许可要求表

	蓝牙	Wi-Fi	紫蜂	低功耗蓝牙
许可	RANDZ	RAND	RAND	RANDZ
每年会员资格[a]	免费	5000 美元/15000 美元[b]	2500 美元[c]	免费
MAC/PHY 所有权	蓝牙组织	IEEE(802.11)	IEEE(802.15.4)	蓝牙组织

[a] 使用商标的最低等级成员的费用。

[b] 最低等级的成员需要定期认证 Wi-Fi 产品。

[c] 非盈利性使用者可以免费使用紫蜂。

　　资格认证大都在国家的监管测试机构进行。有些情况下监管和资格测试会有重叠,但大多数测试机构都会接纳之前的测试结果。成本效益的所有测试往往都在同一个测试机构中进行。如果达到适当的专业水平,一些认证测试可能应用经过认证的软件和测试设备在内部进行。

　　不同于常规的测试,基于标准的认证是全球化的,实际执行中有一些国家会加以限制,如法国(法国限制了输出功率)。然而即使在这些情况下,所限制的内容仍由国家规定,标准认证不否认需要国家监管机构的批准。

10.5.1　标准审批结构

　　多数标准都认为从零开始重新审查一切是没有意义的,特别是一个公司的产品可能会有多个变种的情况,因此它们有很多方案允许额外增加的审批。这样可以帮助设计者在使用一个模块、参考电路或者芯片板上设计的问题上做出选择。

　　多数协议允许模型进行预先的审查,这样使用它们的产品时就不用再次审查了。这些规则之间有一些微妙的差别。对于蓝牙,如果一个额外的配置被附加到一个已经经过审查的模块,那么它需要再次通过一个附加的审查。紫蜂不审批全配置支持的模块,且它不是一个兼容的平台,所以有一个类似的费用用作测试最终配置。Wi-Fi 允许使用已批准的模块,但是会根据所使用的平台来制定规则。低功耗蓝牙允许不惜代价地添加新的基于 GATT 的服务配置,尽管它们会去核实它们中的每一个。如果存在疑问,它将会被测试机构或者标准组织审查。

根据资格审查的程序,一个合格产品产生的任何改变,不论是一个关键的部件、软件的一个新的版本或者添加新的配置,都需要重新测试以保证其仍旧是合格的,这也是真正发给用户用作软件升级的。

如果你现在正在应用无线标准设计一系列产品,在较早的阶段就值得仔细考虑它们中有多少无线元素是已经标准化的和它们有多少在无线审批过程能够共享,灵活的重用会有效降低整体上的审批费用。

所有标准机构都会在工坊或者 UnPlugFests(蓝牙组织的交互性测试大会)中举行定期的互用性测试,它可以让制造商在秘密的环境下测试它们的产品。这可以很有效地确保产品之间的可互用性。

10.5.2 具体要求

10.5.2.1 蓝牙

蓝牙当前版本的资格审查程序要求所有的蓝牙产品要有一个最终产品清单(EPL)。在多数情况下,这意味着产品包含一个完整的蓝牙无线收发器、堆栈和至少一个配置文件。如果制造商运用一个已经有最终产品清单和无附加配置功能的模块,那么就不需要更多的蓝牙测试。该模块的测试参考编号必须被包含在产品的文档中,并且必须将一个免费的 EPL 上传到蓝牙技术联盟(Bluetooth SIG)的资格审查网站上。

这同样适用于如果一个参考设计被使用并且有证据表明没有相关模块被修改的情况。然而,制造商应该注意到,用在参考设计中任何从供应商那里获取的关键部件的改变都会导致资格无效。这将包含所有在射频设计部分、电源和晶体振荡器的部件。

一个例外是对需求提供 HCI 层接口的蓝牙产品的最终产品，典型的如 USB 适配器，或者被纳入 PC 类产品的上层的主机堆栈。此时，每一个产品都可以当作蓝牙的子系统。这些都可以独立各自运送出口，客户也可以期望这一结合能像一个可互用的蓝牙产品一样工作。

蓝牙组织在它们产品兼容性测试程序上与 CTIA 合作[13]，以测试它们的免提产品在汽车中使用时的互用性。

对于蓝牙的审批有一个非常有限的例外：销售的产品只是用作测试或者开发工具来设计或制造蓝牙产品时不需要审批授权，通常这些是在蓝牙社区中出售给开发工程师的专业产品，市场上数以万计的蓝牙产品只有数十种属于这一类。

蓝牙资格认证在产品加入更高速 AMP 之后会稍微变得复杂一些。此时包括蓝牙 3.0 的版本，它允许使用 802.11 的射频来提供一个高速的 Ad-Hoc 通道，所有的射频部分需要具备国家监管机构的资格。在某些特定的国家（有时也可能是一个独立的测试结构），这些可能被认为是独立的或者并发的无线电。随着更多这类产品被测试，国家检测的要求会变得越来越清晰，但是实现这一模式的设计师应该在设计之初就向目标市场咨询测试机构说明这些要求。

还应当理解的是，在蓝牙中使用的 802.11 模式并不与在Wi-Fi标准中使用的相同，因此公司如果想要使用 802.11 部分设计这两种模式的产品，需要让产品分别通过 Wi-Fi 和蓝牙组织的认证。

10.5.2.2　Wi-Fi

Wi-Fi 联盟通过一些授权的测试实验室（ATLs）来执行认证程序。这些认证过程极大地关注用户体验，强调其不仅仅是"真实世界"的性能实现，还包括对通常商业产品的测试台设备和测试仪器的检测。为了验证产品，公司需要成为一个定期的、附属的或者提供赞助的成员。不同于其他标准，Wi-Fi 不允许采用者（adopters，最低级别的会员）验证产品。

Wi-Fi 的认证由一系列的强制测试和附属的可选测试构成。强制测试包括至少一个基于 802.11abg 的无线接口和包含在 WPA、WPA2 和 EAP 中的安全元素，可选择部分包括 802.11n、不同国家 802.11d 和 802.11h 中特定的内容、WMM、节能扩展等。随着时间的推移和市场的发展，越来越多的内容变成了强制性的要求。在 CTIA[14] 中还有一个联合的认证程序，用来检查蜂窝移动电话中 Wi-Fi 设备的并行性，这就是 CWG-RF（移动电话工作组-射频）认证。

对于新兴市场中各式各样的拥有不同用户界面不同使用模块的因特网设备，认证过程现在也添加了新的内容以认证特定应用程序的设备（ASD），典型的例子包括医疗器械、条形码阅读器、机顶盒、VoIP 电话和无线相框。若干 ASD 的测试计划已经开发完成并能够应用。如果认为已发表的计划没有涉及它们目前的产品，公司也可以提交它们新的 ASDs 以供考虑。一个新的 ASD 的审批时间大概是 30 天，此时认证过程就可以开始。

一些在已认证设备中存在的模块，不需要经过重新测试就可以认证合格。与其他的认证程序一样，有严格的规则禁止任何有关硬件、固件和主机驱动的更改。不同于其他标准，这里有一个关于如何重用模块的限制。模块认证仅仅只能被传给一个级别的公司。如果一个模块被结合到另一个产品中，这个产品又被集成到第三个产品中，那么在第三个产品中需要重新认证它。名义上的上市费在使用预认证模块时支付，CWG-RF 认证并不适用于模块化认证。

因为上层栈经常在一台 PC 主机中实现，所以一个 Wi-Fi 产品的操作和性能可能根据其连接的不同而不同，这对 Windows XP 和 Windows Vista 的系统尤其是个问题。鉴于此，模块认证可能需要测试数种不同的操作系统并且模块化审批可能会限制在一些操作系统上的使用。

产品被另一个制造商重新包装则可以通过产品相关的政策进行认证，但同样这只适用于一次，如果重新包装一个已重新包装过的产品很可能需要重新认证。

10.5.2.3 紫蜂(ZigBee)

紫蜂(无线个域网)联盟允许制造商采用一个基础的平台并且添加额外的配置文件和功能,同时可以重用该平台大部分已经完成的测试。

紫蜂起始于 802.15.4 的 MAC/PHY 基础,尽管对于紫蜂有一些属于可选内容,但其假设这是遵守 802.15.4 标准的。对于 802.15.4 的测试可以在内部进行,也可以承包给外部的实验室,紫蜂联盟对此已经发布了指导性文件[15]。

在 MAC/PHY 层之上,紫蜂的认证过程覆盖了 NWK 和 APP 层,且有对于制造商或者紫蜂配置文件的可选项。对于模块,紫蜂认证已经上至 APP 层,其被分类为一个紫蜂兼容性平台。这就为制造商建立一个附加一个或多个配置的完整的紫蜂产品创造了平台。

关于制造商特定的配置文件,高层的测试实质上被限制为共存的,这是为了当与其他紫蜂设备在同一地点工作时不会产生问题。

完整的紫蜂应用配置对一系列综合测试样例进行测试以保证其互用性。那些成功通过认证的产品被称为紫蜂认证设备,并且可以使用紫蜂联盟的商标。

紫蜂给予在大学内部项目中使用紫蜂的知识产权一个免费的许可,但任何结果如果被商用,它们就一定要通过资格认证过程。

10.5.2.4 低功耗蓝牙

低功耗蓝牙的资格认证遵循与蓝牙相同的过程。其中一个微小的区别是,被应用到一个设备上的最终产品清单包含一个完整的解决方案并且包裹 GATT 和 GAP。基于 GATT 配置文件的加入包含在资格认证计划之外的免费验证程序中。

10.6　开源协议栈

　　蓝牙、802.11 和紫蜂都吸引了很多开发协议栈的开源软件小组，它们被广泛地用在大学院系中并被商业产品采纳。

　　使用开源栈的设计者需要知道他们需要它通过适当的资格程序。这与不断更新实现方法的开源社区不同，无线资格认证要求被设计为静态的，所以使用开源协议栈的制造商需要做出一个艰难的决定来固定一个特定的结构再来验证它。鉴于这些协议栈通常包括基带层以上的全部东西，这是一项非常有意义的工作。未来，在后来的结构上有任何的更改都需要至少做重新资格鉴定。这样的花费可能会远超在商用协议栈许可上的花费，而这在初始分析时往往会被忽略。

　　需要成员加入并且签署知识产权协议以获取使用标准的权利组织使用开源软件的有效性，学术界对此一直有一个争论。这种成员资格要求与 GNU 的公共许可产生冲突，但不论这种冲突的法律依据是什么，它都无法阻止开源协议栈被成功地应用于商业产品中。

　　很多软件协议栈和驱动都是为 802.11 所写，常常意在低功耗操作，这将使得在资格要求方面更难以量化。如果仅有一个连接到接入点的单一功能，并且没有使用如 WAP、WPA 和 WPA2 等任何一个由 Wi-Fi 联盟开发的安全程序，那么任何基于标准的资格要求就都不需要了。但如果使用了 Wi-Fi 联盟拥有知识产权的任何一项，那么就需要资格认证了。

　　这时可能会产生一些问题，有的产品可能没有包含足够的Wi-Fi 联盟强制特性使其通过审查，特别是对 M2M 的嵌入式或者低功耗应用。这是一个灰色地带，理论上这些产品可能会侵犯知识产权。如果你设计了任何这类产品，请向芯片制造商和知识产权专家来咨询这些问题。

10.7 OUI——设备地址

许多公司可能需要承担的一个小的额外费用,即从 IEEE 注册机构购买组织唯一标识符,或者叫 OUI[16],它目前的价格是1650 美元。这是一个唯一的 6 位十六进制标识,被用作无线设备的数字地址的前一半,不论是 Wi-Fi、紫蜂或者蓝牙设备。对于每一台设备,都会在 OUI 之后再增加 6 位独特的字符作为完整的地址(如图 10.1)。

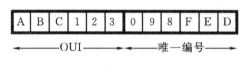

图 10.1 设备地址结构

如果你要使用多个模块,几乎可以肯定它们已经被模块的制造商预编了 OUI。这个 OUI 不需要修改,任何使用到你的产品的人都可以从地址的 OUI 中找到这个模块的制造商是谁。许多公司并不在意这点,但购买一个自己的 OUI 意味着将可以从你的产品中识别出你的公司。任何人都可以从 IEEE 注册网站上找到一个 OUI 的归属公司。

制造商地址之后的 6 位字符必须是唯一的。大部分无线地址被保存在非易失性存储器中。如果你想在一个产品中编写自己的 OUI,那它在你产品的测试过程中就要被加入,而且要提交你生产的每个无线产品中的程序。

如果你已经有一个 OUI 了,那就可以把它用在你的无线产品上了,但要确保每一个完整的地址都必须是唯一的,即使你生产的是有线和无线的产品。如果你生产的产品太多而超过了地址的上限,那就需要获取一个新的 OUI。

10.8 生产测试

要记得,最后一项是生产测试。无线电测试并不是插上电缆这么简单,测试无线产品在最终生产上增加了另一个要求。这意味着新的测试装置可能需要与新的测试制度一起设计和生产。

如果产品有一个可拆卸的天线,那么可以在天线连接上之前进行测量,或者也可以选择在连接天线的位置应用一个集成了开关的射频连接器来代替,这可以简化测试但同时增加产品的成本。另一方面,功能性测试具有检查射频部件是否正确安装的好处。

对许多产品而言,天线是直接焊接到 PCB 板上的,所以需要空中(OTA)射频测试。测试可能就是简单地检查发射信号是否存在,或者扩展到一个完成的无线电性能测试。2.4 GHz 芯片出现初期,有大量的差别存在于各个芯片之中,因此许多制造商都进行一个综合性的射频测试并在测试中调整射频设置参数。现在芯片的状况有所改善,它们之间几乎没有性能差异,用产品发射和接受数据包这样一个简单的测试就足够了。

一个例外可能是在使用了额外的放大器以增强从基础芯片组获得的信号功率时,这种情况下的变化范围更大,因此一个功率等级的测试也许是有益的。

如果在一个车间内有多个设备同时进行测试,这将需要使用到测试屏蔽外壳来保证测量结果是针对一个特定设备的。这种复杂的测试装置需要在开发阶段就被计划好以确保为最初的产品生产做好准备。

10. 9 参考文献

[1] Federal Communications Commission (FCC), www.fcc.gov.

[2] Certification and Engineering Bureau of Industry Canada, http://strategis.ic.gc.ca.

[3] European Commission for Enterprise and Industry, List of references of harmonised standards. http://ec.europa.eu/ enterprise/policies/european-standards/documents/harmonised-standards-legislation/list-references/.

[4] ETSI, Worldclass standards. www.etsi.org/WebSite/Standards/ Standard.aspx. Downloadable ETSI standards.

[5] Ministry of Internal Affairs and Communications, Information and communications policy site. www.soumu.go.jp/joho_tsusin/ eng/index.html.

[6] European Commission for Enterprise and Industry, Introduction to the R&TTE Directive. http://ec.europa.eu/ enterprise/sectors/rtte/regulatory-framework/index_en.htm.

[7] European Commission for Enterprise and Industry, European Commission Enterprise e-services Portal. https://webgate. ec.europa.eu/osn/.

[8] David Seabury, An update on SAR standards and the basic requirements for SAR assessment. www.ets-lindgren.com/pdf/ sar_lo.pdf. A good article on SAR.

[9] Continua Health Alliance, www.continuaalliance.org.

[10] US Food and Drug Administration, **How to market your device**. www.fda.gov/MedicalDevices/DeviceRegulationandGuidance/ HowtoMarketYourDevice/default.htm. Guidelines on FDA certification.

[11] Bradley Merrill Thompson, Step-by-step: FDA wireless health regulation. http://mobihealthnews.com/4050. FDA certification for mobile devices.

[12] Buffalo, Buffalo settles infringement action by CSIRO. www. buffalotech.com/press/releases/buffalo-settles-infringement-action-by-csiro/. IP settlement between Buffalo and CSIRO over CSIRO's OFDM patents.

[13] CTIA, Bluetooth® compatibility certification program. www. ctia.org/business_resources/certification/index.cfm/AID/11528.

[14] Communications Telecoms Industry Association (CTIA), www. ctia.org.

[15] *ZigBee IEEE 802.15.4 PHY & MAC Layer Test Specification.* ZigBee document 04319r1.

[16] IEEE Standards Association, Request form for IEEE organizationally unique identifier or 'company_id' (aka Ethernet address). http://standards.ieee.org/regauth/oui/forms/. Registration Authority.

第 11 章　执行选择

将产品中加入无线设计会引入一组新的执行选择。它们在成本和时间尺度方面所带来的后果可能会让有线设计师们惊讶不已。本章关注无线连接设计的一些选择和它们可能造成的影响。

在大多数电子设计中,一个很自然会采用的方法是设计组件,这些组件直接焊在一个或多个印刷电路板(PCB)上。有时一个模板可被用于一个特定的功能,但大多数设计者更趋于选择从头设计。实施新的无线设计引入了新的成本与风险元素,在着手无线设计之前了解这些内容是非常重要的。

11.1　评估选项

在无线标准中存在一个相当通用的设计选项的层次结构,它适用于大至一个独立的设计小至一个已完全核定的模块。每个选择都影响着设计时间,如获得正确结果所需的可能的迭代次数、成本、批文及产品测试。尽管销量与降低成本之间存在相关性,其他一些因素,如产品上市时间、RF 专业技术与设计信息的使用权也影响着选择的结果,特别是如果它是公司的首个无线电设计的话。

11.2　设计架构

在讨论不同的选项前,需先解释可用的架构选项。对于每种无线技术,都有一个类似的三路分离功能模块。它们是:

- RF/MAC 块,包括无线电、链路管理器和基带/MAC。
- 较高层的堆栈。通常它在一个单独的处理器上运行,虽然这可能会与 RF/MAC 位于同一芯片。有时它甚至可以运行在系统的不同部分,与在 PC 上运行的 Wi-Fi 或蓝牙 USB 适配器一样。
- 应用程序。在大多数情况下它会在一个单独的应用处理器中运行,尽管有些芯片提供了一个虚拟机、受保护的应用空间或补充应用处理器。

纵观所有的无线标准,都有供应商能够提供单个组成部分,或是它们部分或全部的组合,或者以一个模块的形式,或者封装在一个单芯片内。

通常情况下,产品本身帮助决定了应采取的最好办法。在极端情况下,小型低复杂度或低价产品一般适合集成的、片上系统的方法。另一方面,如手机或电脑这种有能力在自己的操作系统内运行堆栈的产品,可能受惠于成本最低的解决方案,只需实现无线电与最低配额的 MAC/基带,其余的都由现有处理器处理。

一些实际考虑,如应用程序是否已经被开发用于特定的主机,以及芯片内内存和 I/O 的限制,也将引导体系结构的选择。

单芯片设计时,重要的是要考虑所需的处理能力和程序空间的大小。无线标准不断发展,既是添加功能,也是确保链接的持续安全性。虽然将未来的功能添加到设备来升级产品可能并非必要,但很有可能需要更新固件以符合更新后的安全协议。增强安全性总是意味着更多的代码,所以设计应避免其运行在接近可用存储器容量的极限上,除非它确定将无需在未来升级。对部分或所有无线协议栈,相同的观点也适用于在考虑一个基于 ROM 的部分的决定时。

任何无线设计,重要的是要记住,时间和成本的限制将是影响产品上市时间的一个重要因素,所以使用通过预审的设计或组件的能力比在非 RF 设计的情况值得更多的考虑,有时它是使产品无线部分的风险降到最低的权宜之计。

11.2.1 基于芯片的设计

对于大多数设计师来说,平常的意向是取得芯片数据手册,并从此开始一个独立的设计。这通常是设计师发现无线的不同的关键之处。第一个迹象就是难以掌握的数据手册。

尽管事实上我们关注的所有标准都被广泛应用,但现实是RF仍是困难的。目前仍有好理由把它视为黑魔法。与一个数字电路设计相比,无线电设计非常容易得到出错,特别是在 2.4 GHz 时。这导致在它通过审批并发货前会进行大量反复,供应无线芯片的公司有一个商业模式可以印证这一点。这意味着,它们专注于三大最易于支持的市场:

- 大批量的生产厂家,典型的是生产手机和 PC 的厂商,它们公司内有相当的射频经验。
- 模块供应商和无线咨询公司,包括 RF 和应用程序专业技术的公司及可定制参考设计或芯片供给其他中等批量应用的公司。
- 标准产品的制造商,其公司生产标准产品,如无线鼠标、耳机和无线接入点,它们将使用芯片公司的参考设计,并不会显著地改变电路。

这些客户中前两个具有生产自己的射频设计的内部知识。使用参考设计的公司往往是消费市场大批量制造的专家。它们可能会改变外壳和添加额外的外部功能,但一般不对底层的参考设计做出重大改动。

这些客户通常每年超过百万地购买芯片组,并能从芯片厂商获得信息和技术支持。如果你不符合这几类,你可能会发现很难获得数据手册、技术支持,甚至是芯片。

这是无线电不同于其他大多数领域之处。因为无线电是复杂难做的,对其支持相当昂贵,大多数芯片供应商不会支持不属于这三个类别之一的公司。你也许可以购买芯片,但除非分销商或咨询公司提供支持,不然你就只能全靠自己了。这意味着,选择该路线的公司需掌握彻底了解标准、RF 设计和协议工程的能力。这可能会导致首批产品旷日持久的开发,反复多次进行合格性试验的可能。

11. 2. 2　参考设计

正如上面提到的,芯片公司提供最常见应用的参考设计。如果这些与你的应用程序一致,它们可能是产品上市的一个有效途径。根据你的应用,你也可以调整附带的参考设计和软件工具以满足你的需求。

大多数参考设计作为一个完整的工程包,包括了 PCB 的光绘文件、固件和组件列表。走这条路非常重要的是不要偏离这些,除非你确切地知道你在做什么。许多设计师们痛苦地了解到,改变一个组件的值,甚至是一个电路关键部分的 PCB 焊盘,都可能将有效的设计变得不能工作。参考设计应被视为不可改变的——不要改变它们,除非你知道你在做什么。

11. 2. 3　模块

模块提供了一个安全的无线入口,许多公司第一次接触无线连接就是从模块开始的。模块提供了一系列优点:

- 这些模块都是预组装和预测试的,所以基本不需要 RF 专业知识并只要求十分有限的 RF 产品测试。在许多情况下,产品出厂测试可能会限制到一个功能测试。
- 根据不同的无线标准,模块可以被预先核准,其部分或整体可免除标准和监管测试。
- 模块可能包括更高层的 API,以使它们能够更容易地连接到外部电路。

存在着各种各样的模块,可以适用于所有的无线标准。其范围从无线前端模块,到实现在单芯片上的完整解决方案,再到包含芯片 RF 解决方案和运行着协议栈甚至是用户应用程序的独立应用处理

器的复杂模块,也有针对特定应用程序的模块。这些措施包括:

- 蓝牙:耳机、串行连接线替代品、音频(采用 A2DP 规范)、HID(鼠标、键盘和低延迟的应用)和医疗(采用 HDP)。
- Wi-Fi:所有 802.11 的变体的 MAC/PHY 模块,集成 TCP/IP 协议栈的低功耗自动化模块和低功耗有源 RFID 模块。
- ZigBee PRO:全面集成协议栈和应用处理器的端点、路由器和协调节点模块。

11.3 开发工具

使用模块的一大优势是它们让设计人员开始评估性能,并进一步设定和整合无线标准。即使是决定采用一个基于芯片的设计,开发团队也是越早开始测试并了解无线链路越好。完成这个目标的最好办法是使用大多数模块制造商提供的开发包。

开发包通常包括一个连接到主板的模块。根据标准和模块的复杂性,该主板可包含从一个电源和一组 I/O 接口,到一个显示器、一个可编程的应用处理器,以及一系列开关和接口。

在某些情况下,芯片厂商也提供开发包。这些开发包是旨在进行基于芯片设计的公司的理想选择。它们较之那些基于模块的可能有一个陡峭的学习曲线,因为后者趋于加入更加复杂、对开发人员友好的应用程序接口,模块制造商会为通用的应用做更多工作。

不同的模块制造商会支持不同的应用。当选取模块供应商时,值得看看它在你的特定领域是否具有经验,因为它们可能已经解决了一些你可能会遇到的问题。

11.4 协议栈集成工具

当一个堆栈或驱动器被集成在一个外部处理器而不是单个

芯片上时,那么可用的良好的集成工具是必不可少的。在可能的情况下,确保堆栈厂商具备在目标硬件和操作系统上运行其协议栈的经验,因为移植实时协议栈并非一个简单的任务。

如 Wi-Fi,它在 MAC 层没有已定义接口,因此驱动必然取决于芯片。虽然其他的标准提供了一个标准的接口,但仍然存在制造商指定的指令,使用这些指令可以提高整个系统的性能,所以选择对你所使用的芯片组有经验且有权访问任何制造商指定的指令的供应商很重要。大多数的 Wi-Fi 芯片供应商有可用于 Windows 和 Mac 的驱动程序。它们往往还提供 Linux 的源代码,可用于移植到其他操作系统中。如果你的 RTOS 没有驱动程序,那么你基于 Linux 进行移植、开发、测试并验证通过需要 3 到 6 个月的时间。

当选择一个协议栈时,不要忘了协议栈还应该包括良好的调试和生产测试工具。如果缺乏这些,你需要自己写这些例程,所以这可能应是你选择的协议栈的一个必备功能。

11.5 决定实施策略

对特定产品采用哪种方式是不存在不可违逆的准则的。你需要考虑以下参数。

11.5.1 材料成本帐单

使用模块的成本总是较高,但它会与降低的风险和测试成本相抵消。

11.5.2 开发成本

通常情况下,显然使用的模块较低,这样设计团队就可以专注于无线功能的集成,而非设计无线电本身。

11.5.3 集成成本

虽然理论上基于芯片的设计会允许更灵活的接口接至产品

的其余部分,而实际中一般情况下,模块制造商已调试好接口并提供了可靠的工作协议。所以,模块的集成通常更简单。如果需要对接口进行优化,那么基于芯片的方式可能更适宜。

11.5.4 RF 设计

RF 设计需要大量的经验。即使是一个知识渊博的设计团队,事情也可能出错,需要多次反复。使用模块移除这些反复,可获得缩短设计时间从而降低开发成本的双重优势。

11.5.5 审批

使用模块可以完全去除审批的需求(有关详细信息,请参见第 10 章),或显著减少测试时间。它们还应确保测试过程相对不费力。审批的时间和成本可都不容小觑。

11.5.6 产品上市时间

设计时间和审批还有监督管理测试的缩减可能会使得基于模块的设计比一个基于芯片的设计早 3 到 6 个月上市。这对首个产品来说可是非常重要的。

11.5.7 产品检验

一个模块应预先测试,以便产品射频测试可以局限于一个功能连接测试。产品射频测试设备的成本和开发时间是巨大的。

11.5.8 尺寸

一个模块物理上几乎总是大于基于芯片的设计。由于其物理形状,对于那些电路需要遵循设备的物理形态的小型设计,它也可能并不适用。相反,一些厂商的先进封装技术专注于为手机设计高容量模块,这些模块的尺寸比大多数公司用基于芯片的设计实现的尺寸更小。

11.6　成本比较

　　尽管每个项目各有不同,但多年来我已经看到同样的成本和开发时间在众多公司的无线设计中不断重复。表 11.1、11.2 和 11.3 显示了芯片和模块设计的相对集成费用。

　　这些明显的变化极大地取决于提供的专业知识和设备,以及应用程序。基于该芯片的设计成本是对于首次设计而言,如某公司建立了一支具有必需的专业知识的队伍。随后的设计成本应该会显著降低。该成本也假设每个设计是首次即成功的,而不需要经过多次投片或审批的尝试。基于芯片的设计进行重新投片的风险更大,特别是如果这是公司的首次尝试射频设计。

　　在实践中,总生产量少于 1 万台的设计通常会从使用模块中获益,而总生产量在 10 万台以上的产品使用基于芯片的设计可能会更经济。话虽如此,但其他方面的考虑可能会比这个简单的等式更重要。我就曾见过非常棒的决策在数百生产量的产品使用基于芯片的设计,也见过在数以百万计的产品中使用模块设计。

表 11.1　基于芯片设计的典型开发成本	（单位：美元）
设备成本(测试设备、软件等——一次性成本)	100 000~250 000
硬件开发(15~25 周)	75 000~125 000
软件开发(20~30 周)	100 000~150 000
生产测试设备(开发时间和硬件)	100 000~150 000
资格鉴定与认证	50 000
总计	425 000~725 000

表 11.2　基于模块集成的典型开发成本　（单位：美元）

设备成本（频谱分析仪——一次性成本）	20 000
硬件开发（4 周）	20 000
软件开发（4 周）	20 000
产品测试设备（开发时间及硬件）	20 000
资格鉴定与认证	0
总计	80 000

表 11.3　无线项目整体耗时

基于芯片的设计	32 周
基于模块的设计	8 周

一些模块供应商提供授权客户设计可移植至高容量的选项，使它们能够移动芯片直接放置到自己的 PCB 板。在实践中，大多数企业在这个阶段会重新设计自己的产品，而不是把自己限制在成本削减计划中，但有时这种策略可能很有用。

11.7　耐久性

选择无线供应商时，一个要问的问题是"它可用多久？"大多数的无线芯片及模块供应商受其最大客户群的市场需求驱动，可能会导致其产品仅在有限的时期内可用。

无线标准的生命周期开始于广泛的制造商设计芯片，希望成为领先的供应商之一。随着时间的推移，就意味着约有一半的初期供应商将失败或退出市场。余下的厂商将芯片组逐步发展，从最初的通用芯片（通常由两或三芯片解决方案组成）到许多代单芯片。这些成功的企业通常演变为向相对少量的主要客户提供大批量产品，这些客户影响着它们的发展蓝图。这会导致芯片组将相当迅速地演变以支持新的功能或更大的功能集成。由于这些客户都是芯片在数量上压倒性的买家,因此反过来又意味着,之前的芯片组会很快过时。

举个例子,自 2001 年无线标准开始加快发展以来,已出现了蓝牙芯片组共七代、802.11 芯片组共六代和 ZigBee 共三代。

它导致的必然结果是芯片过时的速度比设计者通常预期的更快。此外,由于芯片的功能集是受每次更新换代时客户要求的附加功能所驱动,它们很少能与前几代引脚兼容。甚至当把它们移植到一个新的芯片时,还需要再次通过所有的无线电设计认证。

手机和 PC 行业内产品的寿命通常为 18 个月。底层手机平台可用于几代手机,所以无线芯片组的生命仅短短 3 年。对于汽车和医疗等市场,设计的上市时间可能会更长,产品生命可超过 10 年,这是一个重要的考虑因素。

目前,这些市场消耗的无线芯片没有多到足以在硅片的寿命发挥多大的影响力。在无线变得越来越广泛部署下这种情况可能改变,但着手无线设计前仍应先确保芯片组的长期可用性。

一种帮助确保防止过时的方法是考虑使用模块的选项。一些模块制造商的政策是对跨越连续几代的模块保持一个兼容的封装。它们采用最新的芯片组,制造可向后兼容它们以往产品的模块。这种方式具有双重优势,既为市场带来了新的功能,同时也保持兼容性,使使用了它们模块的产品的寿命得以延长。

无论是芯片还是模块,要知道的最后一点是,来自不同制造商的产品之间没有兼容性。到目前为止,在无线领域之内,来自不同供应商的无线芯片不存在第二源极或管脚可兼容的例子。在少数情况下,模块供应商复制了对方的物理布局和引脚配置,但这仍是极为罕见的。如果你发现需要改变无论是芯片或是模块供应商,那么它的无线部分的设计将需要全部返工。如果你采用模块的设计路线并留有可用的空间,审慎的做法可能是把来自不同供应商的替代模块的封装都列入。然而,即使在这种情况下,接口的 API 都可能是不同的。

总之,你需要仔细思考产品的寿命,以及是否有一个策略来应对你打算使用的芯片或模块的变化。

第 12 章　市场与应用

在无线标准进入市场的 10 年中,超过 30 亿基于标准的无线芯片已售出并纳入产品中。尽管有着巨大的增长,它们中的很多依然未被使用,且它们部署的地方也仅限于一些特定的应用。

有趣的是,如果我们看一下无线标准之外的领域,情况就不同了。如果与专用无线市场进行比较,则其运用是非常多种多样。在许多领域,专用无线与基于标准的无线直接竞争,而在其他领域,专用无线占有主导地位,其中包括无线鼠标和键盘、立体声耳机和遥控器。造成这种局面有许多原因,在仔细研究无线标准的市场潜力之前,考虑它们为何没有取得预期的广泛成功是很有意义的。

此外,作为无线设计的一种选择,专用无线不应被弃用。它有着多种形式,往往针对一个特定的应用进行了优化,因此它可以提供在功耗和价格方面的优势。能实现这一点,是因为它并不像标准一样往往会伴随约束。

专用无线的衰落从它的名字中可明显看出——它不提供互通性。对于一个永远不会与来自不同制造商的产品交互的产品,专用无线可能是最好的选择。但是,这意味着它是一个孤立的设计。它预示着如下决策,即公司认为它可以在市场中孤立地拥有自己的份额。这将造成其在未来与基于标准的无线产品的竞争中处于弱势。同样,据此可以推测出该市场也不会有多么庞大。

虽然可能不太直观,但随着交易量的增加,与标准相关的单模芯片的力量也相继增长了。因为同样的芯片可以用在许多不同的市场,受益于经济规模,它可以很划算。此外,大多标准的复杂性使得基于标准的芯片比专用芯片中包含更多的功能。如果量足够大,这些特性可以被用来代替外部微处理器和 I/O 模块,从而比使用简单的专用无线部分获得更低的整体设计成本。一个很好的例子是 Wii 的控制器,它是基于蓝牙芯片的。虽然针对 Wii 优化了,而不是连接到任何其他蓝牙设备,它利用了相关规范的功能,降低了成本,出货超过 100 万台设备。

互通性的需求已被证明是标准的致命弱点。它们都局限于极少数的大批量应用,而不是许多不同的应用。比如蓝牙,已经在手机耳机中得到应用;而 Wi-Fi,一直作为移动设备的热点和互联网接入,包括手机和笔记本电脑;至于 ZigBee,则仍在寻找其突破点。

诚如本书开头所述,蓝牙和 Wi-Fi 因"免费"而取得突破,被纳入到手机和笔记本电脑中。在早期,很少有用户会使用这个功能,现在有多少用户也仍然值得商榷,但比例已越来越大。尽管如此,这两类用户比例仍均远低于 50%,可能要低得多。这个"免费"做的是创建一个设备的基础设施使其可连接。蓝牙表示可用于将数据发送到互联网的移动广域网设备,Wi-Fi 主要是指提供互联网接入服务的接入点。

这是一个生态系统,不同于电缆替换或本地连接,其中无线仅仅是被用来取代有线链路。我们所讨论的所有标准可以且往往纯粹用于替代电缆。在大多数实现中,它们模拟串行端口,并使用专用协议。所以,尽管它们受益于所有已纳入标准的工作,但实际上它们在方法上是专用的,因为来自不同厂商的设备在协议层面不说同一种语言。

利用一个标准的能力是不应被忽视的优点。一个标准中纯粹水平的工程专业知识量是巨大的。我已经讨论过的所有无线标准涉及数百人多年的努力,他们通常是同行业中的领先专家。虽然可能不会产生最简单的实现,但它们一般都经过深思熟虑,是健壮的,最重要的是能保持最新并纠正显现的问题。随着技术的发展,它们将占有越来越多的专有市场。虽然绝不会完全取代其他标准,但它们将日益成为越来越多的设计工程师的首选。

12.1　日益增长的市场

鉴于在几个大批量应用外的扩张很少成功,得出如下结论可能很奇怪,即无线标准的作用即将在其他市场显现。乐观的方面是,市场上两个显著的结构性变化正在发生。

第一是无线市场的日趋成熟。到现在为止,大多数的无线实现一直只是产品功能的很小一部分,并且在许多情况下,从未被使用过。无线被包含只是因为它是该产品规格的一个复选项。这导致了一个相当静态的市场占有率,而芯片供应商在快速发展,却已达到一个销量的平衡。为了增加收入,它们需要找到新的应用和市场,其中无线将是产品辨识的一个更根本的部分。

与此同时,外部的政治压力也促进解决了一些全球性的问题。特别是,无线技术正被认为可以为医疗保健、能源保护与管理,以及改善运输系统提供解决方案。对于在这些领域有一定影响的技术来说,标准是绝对必要的。没有一家公司有足够的资源在全球范围内推出专用的实现。相反,无线标准正在提供对大规模部署至关重要的互通性上争夺领导地位。

除了这些,新的发展,比如可连接消费类产品到互联网,以及扩展手机之外的移动数据连接到个人设备,开拓了一个新的消费电子产品市场的可能性,其中在个人设备实现网络连接是它们的产品能力的一个关键部分。如果关注时尚、品牌和技术的消费者把这些深入考虑,它可以开拓一个每个手机附属了多个连接设备的市场。这是一个市场机会,也许能创造很多价值高达数百亿设备的市场。

为了完成这本书,我寻找了这些新市场背后的一些举措和帮助推动它们的组织,并考虑这些机会的真实性。

12.2　医疗保健、健康、运动和健身

由于人口统计的变化以及慢性和长期疾病的发病率越来越

高,关于世界各地医疗保健系统内需要重大变化的提议并不少见。在发达国家中,医疗支出目前正在变化,呈急剧上升趋势。2007年[1]经合组织(OECD)的数字表明,该项支出的范围分布从墨西哥占国内生产总值(GDP)的6%左右,到欧洲平均为10%,在美国则高达16%。

在过去的40年里,医疗保健支出平均每10年增长20%——该增幅将不会再持续。继续以这样的速度增加,到2060年,美国的医疗保健支出将占国内生产总值的40%。这个结论没有考虑人口老龄化造成的人口压力不断增加和长期性慢性疾病发病率日趋增高的情况,而这两者都将加速增长。因此,一些分析师认为,美国2050年的卫生保健支出预计将占GDP的50%。

在过去的几十年里,这个问题在很大程度上一直被世界各地的政府掩盖和忽视。如今,它成为一个足够迫切的优先事项,使得政治辩论又重启方法来解决问题和控制成本。现提供的医疗保健模式多种多样,从完全国家资助到私人保险,意味着虽然存在许多不同的模式,但都面临着同样的问题——试图让人们更多地参与到自身健康问题,减少在医院度过的时间,以远离医疗服务。

远程医疗,也称为电子医疗、移动医疗或许多其他名字,被宣传为这个问题的解决方案。它涉及广泛,从体育和健身设备,到预防和职业病诊断,从一般健康问题、长期慢性疾病的管理和手术后的康复,到协助生活。

推广它的最大障碍是这些个人医疗监测器使用的简单便捷性问题,还有提供有说服力的反馈以鼓励人们继续使用的问题。无线解除了电缆带来的不便,这可以将消费类医疗器械从临床设备的静态变体变为可以随身携带的便携式移动设备。这是重要的一步,它改变了用户对设备的认知,即从处方产品到自身购买。

远程护理的关键原则是设计简单易用、低成本、非侵入性的传感器和个人医疗设备,以及在后端服务器上传输这些数据和应用的通信技术。所有这些解决方案都基于一种简单方式将传感器上的患者数据传输到远程数据库,由数据库分析和反馈提交给病人。无线连接使数据传输便捷,可支持更经常的数据采集和报告。因此,无线标准被视为提供在通信级互操作性的关键。

进行中的各项措施越来越强调疾病和加强预防的自我管理。由于可提供易用的用户健康监测设备,数字无线技术被建议用于应对这个问题。医疗保健提到"病人自强"的新模式(注意,大多数医疗拥护者更喜欢变更为"消费者为导向"一词,即,他们仍在负责),这意味着,消费者可以某种形式直接购买产品和服务。被称为"健康 2.0"的方法已引起大量关注,即在 Web 服务中提供患者监督自己的途径。

12.2.1　康体佳健康联盟

康体佳健康联盟(Continua Health Alliance)在医疗保健市场的演变中扮演了一个关键角色[2]。康体佳健康联盟成立于 2006 年,汇集了医疗保健行业的主要制造商和供应商,致力于创建一个可互操作的电子健康生态系统。成员包括技术公司、医疗设备制造商和英国的 NHS 与美国的凯萨医疗机构等。

康体佳健康联盟为制造商制定指引,涵盖了从用户或临床设备,到广域网接口,再到最终的医疗数据整合成电子健康记录的整个连接。该组织的宗旨是要建立行业标准,以开启更广泛的连通医疗数据的生态系统。通过影响医疗"食物链"的各个部分,在某种程度上已达成一个共同目标。

在协议层,康体佳产品采用 IEEE 20601,单个设备符合 IEEE 11073 设备专用的数据格式。目前,该指引支持使用 USB 有线连接和蓝牙 BR/EDR 无线连接。指引的下一个版本将整合对 ZigBee 与低功耗蓝牙的支持。

12.2.2　健康 2.0

该网站将在我们如何对待健康信息及我们将自己的健康信息交付给谁上发挥越来越大的影响。我们看到已经出现了更多的互动网站,它们通常被称为健康 2.0 网站。它们邀请病人输入个人信息,以使自己能够跟踪他们的健康状况或疾病发展阶段。其中,最著名的是如 Revolution Health[3]这样的商业网站,以及提供个人或电子健康记录(PHR 或 EHR)的网站,像 Google-Health[4]和微软的 HealthVault[5]。

这些站点将成长为可以使直接连接到网络的测量血压、心跳率和体重的消费电子设备成为可用。记录数据的同时,这些网站可能演化为对病人的病情提供反馈意见。这些背后的商业模式会有多种。这样会产生更多的医疗数据,而这些数据很可能是目前的医疗供应商所没有的。

这种病人信息的传播方式将对现有的医疗保健供应商提出一大挑战,因为它打破了医学界在过去的几个世纪已经建立起来的结构。因此,它会是破坏性的——它有可能重复 MP3 和 Napster 对音乐的影响——而且可能改变医疗保健的整个景观和其所有权。一个明显迹象表明需求是被压抑的,2009 年年底,有超过 2000 家医疗相关的应用程序可适用于 iPhone。可用的无线连接的消费性医疗设备中,有一些可能实施康体佳联盟指引,对这个市场的增长至关重要。行业分析师估计,到 2014 年,健康和健身设备的新市场将增长到每年超过 400 万台[6]。

12.2.3　临床资产管理和独行工人

除了管理病人,移动技术越来越多地被用于跟踪医院内的资产,包括设备和人员。无线局域网技术以小型跟踪器的形式被运用来记录设备所在何处。它带来双重的好处——既是一个强大的防盗工具,因为如果设备移动到其预期的位置以外就可产生警报——这种技术被称为"地区锁定";且同样有价值的功能是在紧急情况下追查最邻近的设备,也包括医务组成员。这些监测跟踪器通常很小,电池供电单位大小相当于一盒火柴,一次充电可运行好几年的时间。

当外出工作在社区中时,定位人员与在医院时一样重要。一名独行工人的报警器通常包括一个 GPS(卫星定位)系统和至手机的近程连接。当用户按下紧急按钮时,系统被激活,它产生一个网络连接使控制中心警觉。分离紧急按钮和手机的优点是它使得按钮不那么扎眼,所以它的存在并不会进一步加剧困境。

独行工人的报警器本质上是一个移动版本的跌倒报警器,在英国有超过一百万人在他们的家使用后者。在世界各地部署的所有连接的跌倒报警器中,英国占了 60% 以上。该统计显示了远距照护系统所面临的问题之一。部署成本通常由多个机构共同承担,它们各自有独立的资金。除非有更高级别的授权来鼓励部署,筒仓资金的不平等会阻碍远距照护计划的实现,尤其当它们对某一参与机构征收较高的成本时。会计师会证明这是比技术更大的障碍。

12.2.4　老人养护

随着人口老龄化的发展,让人们仍然能安全居住在自己家中需要设计人员加倍努力。到 2060 年,30% 的欧盟人口将超过 65 岁,与工作人口之比将翻倍,从现今的 25% 到 53%[7]。德国早至 2035 年就将达到 50% 的比例。随着这些人口的变化,日益重要的不只是照看好老年人,还要帮助他们自信地生活在自己家中。老人养护技术提供一种非侵入式的监控环境,发生任何问题都能提醒照顾者或家人,从而解决这个问题。

一个关键部分是低成本无线传感器的可用性,即其简易安装与维护。后者意味着它们需要电池运行数年以降低维护要求。ZigBee 和低功能蓝牙均瞄准了联网的老人养护传感器型材这一市场。它们将允许监控服务,这可能是由地方当局、独立的公司、甚至亲戚监管,以确保老人安全生活。其他监视器,包括基本医疗监测服装,可以以手机为纽带完成同样的工作,提供个人监控而无需将人限制在家中。人们在他们自己熟悉的环境中可以生活的时间越长越好。一旦他们被接纳入护理医院,治疗的成本会不断升级,他们的预期寿命也会减少。

老人养护监控系统的每个部署都可采用 20 或 30 个无线传感器,包括门传感器、一氧化碳和烟雾传感器,以及运动和占用传感器。虽然每个单元成本都较低,但整体市场规模将大至价值数十亿的设备市场。

12.2.5　运动与健身

在健康和保健领域中,体育和健身是其中一个重要部分,在这方面无线技术已经十分突出。如今,运动者可以购买含有无线传感器的鞋子来将步数传输至便携式记录仪或腕表上。无线心率腰带被运动员广泛运用,而且大部分体育用品制造商正在试验将无线技术添加到它们的设备中。

这是一个消费者愿意投钱的市场,用以监测自己的表现,提高他们的技术水平,并逐渐扩展为让他们自己与朋友和其他竞争对手做比较。可用的新的、低功耗传感器,包括加速度计,可纳入运动器材以引导快速创新。低功耗蓝牙可连接体育用品至手机,让人们与网站进行交互,使用者既可以记录个人表现也可以参加虚拟比赛,因此引起了制造商的兴趣。

除了个人使用,健身器材也采用无线连接来记录用户信息。这有助于推动标准化使用户能够将健身房内外的记录结合起来。

12.3　车载智能通信和汽车市场

虽然近期的全球金融危机突出了产能过剩和许多汽车制造商的内在弱点,然而汽车保有量的需求仍将继续上升。因为任何旅行过的人都知道,无论何种运输方式,拥堵和行车时间都在稳步上升。

政府和市政当局已经认识到,建设更多道路已经不再是一个可行的解决方案。相反,相关技术正在研究中,以使得现有的道路系统能被更好地利用,并确保它们是多模式交通系统的一个组成部分。

除了提高效率的需求,人们还希望减少道路上的死亡人数。在美国和欧洲,因道路交通事故死亡人数每年固定在约 4 万人。在 20 世纪 90 年代和 21 世纪初的一次下跌后,这个数字已经稳定。欧盟和美国政府已设定目标,减少死亡和受伤的人数。然而,似乎任何改变驾驶员行为的尝试都无法实现。相反,使用技术以协助司机或协助管理汽车是必要的。

远程信息处理市场的一个同样重要的目标是使车辆和行程更有效率,这一目标由气候变化议程推动。交通运输一般占 15％ 左右的碳排放量[8],而中国和印度等国家的汽车保有量的增加将导致这个数据增长[9]。很显然,个人不会停止行驶,所以要寻求相关技术以提供一个解决方案。

12.3.1　车载通信

大多数开发全力确保更安全的道路旅程和更好地利用道路网络都是基于车载通信的。提高驾驶水平的前提是,司机需要更多的信息以做出更好的决策,也要让汽车能够自主行动,以使得当司机无法控制时限制事故的严重程度。迄今为止,很少有意愿发展完全自主系统,虽然它是目前技术发展趋势的扩展。

12.3.1.1　专用短程通信

专用短程通信(DSRC)[10]作为一个概念已有很多年了。它以各种名目发展,目前流行的是车对车(C2C)和车辆对车辆(V2V)。它是一种车辆使用无线传输,接收安全信息并向路上车辆和路边固定基础设施传播的技术。它旨在减少道路上的死亡人数,并提供有效的交通管理以缓解拥堵。

该标准采用 5.8～5.9 GHz 的无线电传输当前信息。它可以用来避免或缓解碰撞(预部署刹车和安全系统),用交互式的交通信号控制流量,通过状态监测和车辆间距进行拥塞控制。一些国家的政府还计划将它用于道路收费。世界各地的频段不同,但都位于 5.8～5.9 GHz 频段,所以设计可适应在任何地方工作的产品是很直观的。很少有道路车辆在各大洲之间行驶,所以这不是部署的主要障碍。

在过去的两年中,DSRC 的相关工作取得持续进展,欧盟及美国政府已强制推行这样的系统。它们的理由有两点。第一是认为为进一步减少道路上的死亡人数需要这一级别的智能车辆。第二种说法是,由于使用量上升,提高现有道路的能力也需要这种技术。有一个最初的任务期限是 2011 年所有新车应安装 DSRC。它几乎肯定会打折扣,但有重大偏差是有压力的。

持续的压力已经被证实,在欧洲,2008 年 30 MHz 的频谱被分配在 5.9 GHz 频段。该分配本预计在 2010 年进行,但其提早采纳有助于激励业界。

12.3.1.2 DSRC 标准

DSRC 的无线网络硬件是基于 802.11 无线 LAN 标准的一个变体,称为 802.11p。该组最初目标是使用 802.11a 的 MAC,用一个新 PHY 运行在 5.8~5.9 MHz 来代替在 5.1 GHz 的 802.11a 收发器。由于这些使用案例已经完善,MAC 越来越多地从 802.11 版本中分化出来,以至于它现在从本质上是一个不同的变形。这种情况的主要原因是,车辆与车辆的连接需要做出快速认证,因为连接的机会在移动时可能只有不到一秒钟。虽然最初的原型已被用于现有芯片和固件,驱动程序和 MAC 现在已经有足够多的新要求,它们需要新的芯片。

这引发了对部署时间的担心,在芯片厂商看到显著的市场开放前都不会愿意设计新的芯片。另一方面,车载设备的测试和开发周期极易在五年或以上。这意味着,对于这些系统目前还没有廉价硅源。此外,它得做重大的部署以使启用了 DSRC 车辆的司机感受到好处。估计在道路上最少约有 10% 的这类车辆。达到这一数字前,将不会激励大量的传统车辆安装 DSRC,因此芯片厂商都不愿意花钱设计 802.11p 的芯片。这种情况下,可能需要政府的支持为行业度过这个难关。

在无线硬件上,一个新的协议堆栈被定义用来控制连接的方式,安排发送信息的优先级,决定这些信息如何安排,管理行驶中的车辆和它们周围的基础设施之间的拓扑连接。这些连接的流体和过渡性意味着传统的 TCP/IP 协议的方法是不合适的,因此从根本上新的协议栈正由多个标准和工作组开发。目前的提案设想通过网络层可以跟车辆周围的各种收音机通信,并提供信息和时序要求严格的安全应用的数据流。

学术界一直有很多这方面的研究,由美国和欧洲的主要研究补助金资助。然而研究的发展一直慢于预期,也并非集中在关键要求。一群由汽车制造商成立的 Car2Car 联盟[11] 走出了这种困境,联盟的目的是提取现有工作的相关部分,包括 802.11p 和更高层的协议,并产生一个可部署的互操作的标准。最近 Car2Car 联盟支持 ETSI 标准工作组成立走向一个国际标准,这加速了其在欧洲的发展。

12.3.2 车辆和驾驶员监控

远程信息处理的第二个组成部分是通过修正司机的驾驶行为,从容提高安全性和燃油效率。鉴于 DSRC 的作用主要旨在安全,需要大量的部署才能体现它的价值,车辆和驾驶员监控更适于安装到现有车辆。

这些系统大多通过监测车辆的 OBD(车载诊断系统)端口上的可用信息来工作。自 2002 年以来,它已安装在世界上的大多数车辆中。这些数据可用于确定燃油经济性、行驶距离,以及车辆的行驶方式。数据可在本地或之后上传到远程服务器上处理,它们被用来提供反馈给司机或车主。

这些系统正在部署一些应用,包括车队监控、"按里程付费"汽车保险和记录新手司机的行为。无线被广泛用于将插在 OBD 端口的装置连接到外部连接,通常是手机或 Wi-Fi 接入点。不断增长的市场也促使制造商开发能向驾驶员智能手机上的应用程序发送数据的单元。

12.4　智能能源

智能能源和智能电网是两个最流行的业界时髦短语。智能能源已经从早期简单的自动抄表（AMR）形式，变为涵盖整个能源生态系统的概念，从发电和电网基础设施，至个人用电表，再到消费者实时监控使用情况和连接与控制家用电器的途径。

最初的动机是想通过开发自动抄表技术，通常是由电表用其电力线通信或无线链路发送数据，来降低读取用户电表的成本。其中包括广域蜂窝链路和短距离无线链路，这些都可从驾驶路过这些设施的面包车中接入。在实践中，这些仪表的成本限制了在一些地区的部署，其他金融因素，如欺诈程度，决定了安装成本。

在未来几十年，对能源安全有哪些改变的关注将不断增长，同时也伴随着减少碳排放的需要。纵观世界上许多地区，发电量并没有跟上需求的增长。2015 年后发电量有可能潜在不足的共识正逐渐建立，没有时间去建立大批量的新发电站。事实上，许多的第一代核电厂已经达到它们工作生涯的末期，而碳排放限制可能意味着其他传统矿物燃料发电厂须予停办或进行昂贵的改造以遏制温室气体排放，这使得情况变得更加严重。

考虑到这一前景，智能能源为限制消费需求的上升提供了最大希望。智能电表和电器可以提醒用户自己的消费，希望他们改变自己的用法和习惯。它还提供了按钟点定价能源的能力，应用全天差别定价以在经济上引导消费者改变用电习惯。

智能电表的潜力可能将更深入。通过提供使用信息反馈到网络，它使实用程序能够更好地了解使用模式。它们具有选择性地减少需求的能力，在电网高负荷时有时关闭电网连接的消费电子设备。它是如何契合消费者的仍有待考验，但失去半个多小时的空调这一选项大概比因为掉电失去所有电能更容易接受。在美国的一些地方，像这样的能源分区切断计划已在使用。

实现这一目标的关键工具是智能电表。智能电表的概念发展已经远远超过旧的自动抄表。明日的智能电表将能够与能源供应商双向对话,发送使用信息反馈给应用程序及向用户推送房子内的能源使用情况。它可包括瞬时定价,以及可潜在询问和控制家中所有的主要家电,能够将其关机,或者降低它们的消耗需求,其实现既可通过用户的本地能源监视器,也可远程地通过实用程序或其他服务提供商。如需智能电表的概念详细说明,请参见 SRSM 的报告[12]。

智能仪表的开发和部署带来了一些重大的挑战。普遍的共识是,它们需要实现无线连接,以便于安装和随后的添加或移除家庭电器。虽然电表既可以运用无线又可以用电力线连接,但是煤气表却不行。它们需要通过无线连接与其他智能电表交谈。它们也强制规定无线标准需要低功耗,因为这些仪表的电池寿命通常最少要达到 15 年。无线网络需要覆盖整个房子,虽然没有理由让所有连接都为无线。智能电表可以通过电源线连接来控制电器。对于煤气表和水表及传感器,无线可能是必要的。无线所赋予的另一个好处是显示器和传感器安装方便,特别是对于壁挂式传感器,接线将是昂贵且不美观的。

AMR 的部署已经因为成本问题停滞,智能电表的部署则很可能因政府强制而发生。世界各地的政府立法要安装智能电表,伴有许多规划要在 2015 年至 2020 年的时间内进行仪表的彻底变革。虽然这些规划可能看起来经过了长期的酝酿,但实际上努力去更换每个仪表是一个巨大的任务,这在更短的时间内可能难以实现,尤其是大多数国家才刚刚开始对此进行试验。

智能电表的初步设计使用专用无线设计或基于标准的变型。依据原来的理念,在高度热衷 AMR 时,互通性不是最重要的问题之一,因为实用程序将负责电表基础设施。今天,这一观点已经改变。能源供应商已逐渐意识到智能电表的力量,他们已经看到其连接家电和其他制造商显示器,以及连接家庭内的多个公用仪表的必要性。

无线安全是智能电表行业的一个重点关注。在不受管制的市场中，多个仪表连接到无线网关（可能是电表），每个实用程序都需要一个安全框架，以防止任何其他相同性质或综合的供应商能够访问它们的读数。其中的任何失败都将给客户改选提供更优惠价格的供应商的机会。没有相关保障，将默许单一仪表被用作其他实用程序服务的网关。相关的风险是，如果安装低安全级的智能电表，它们将可被黑客攻破，随之而来的负面的媒体报道和用户关注，会导致整个市场倒退好几年。

这些电器的互通性、数据的安全性和超低功耗等关键要求，引导了消费者对无线标准的重新评价。ZigBee 目前最具吸引力，它已制定了具体的智能能源配置文件来处理这一市场。潜在的市场规模保证了其他标准也能争夺一定份额，其中包括低功耗蓝牙、Z-Wave、Wavenis[13] 和无线 M-Bus[14]。

12.4.1　关键机遇

智能能源市场的整体规模很巨大。派克研究所[15] 预计到 2015 年，安装在世界各地的智能电表将超过 250 万，占全球安装基数超过 18%。这相当于 195 亿美元的整体收入。欧盟已设定了一个目标，到 2020 年欧洲仪表有 80% 将被替换成智能电表。这些只是电表的数据。加上燃气表、能量显示仪表及大家电控制器，会使移动无线设备达到数十亿。

在智能能源测量市场中，新产品公司的机会十分有限。仪表市场被半打固定的生产厂家占领，它们与公用事业有着长期的合作关系。鉴于仪表的平均使用年限约 25 年，可靠性是关键，这将使新公司难以打入这个特殊的行业。

然而，这类公司中没有一个无线专家。这就提供了一个机会，供专业公司与它们合作，并提供无线专业知识。如果将历史当做指南，那些成功的技术提供商可能被仪表制造商收购。

这同样适用于家电制造商。无线专业知识不大可能产生新公司来提供空调机组或洗碗机，但公司还有机会向它们提供芯片、模块和一体化专业技术。

在智能能源领域仍有有潜力的新加入者,但每一个家庭都可能需要可监控和管理的设备。范围从可能被纳入设备或电源插座中的单个电力仪表,到可告知户主能源使用情况,并让他们作出决定的显示器和管理控制器。在联网的家里,这些可能都基于网络,可用 PC 或手机访问。

在这个市场上,还有一些悬而未决的问题。首先是:谁来支付这种大规模的基础设施建设?一些估计已经给出了安装一个更换电表的成本,即高达 600 美元[16]。在这个层面上,公用事业有可能要求政府的支持,或者将成本转嫁到消费者身上,这两者的营销都将是一个困难命题。Baringa 的一份报告中对可能的模式提供了有益的探讨[17]。

第二个主要问题是,这些仪表的标准选择。多数业内人士仍然没有采纳互通的必要性。这对于该行业来说是一个新概念,公用事业从未与来自其他公司的设备互动。它们的思想还没有进化到比考虑智能电表和能量显示之间的联系先进多少。要获得真正受益,需要有一个横跨所有仪表、显示器和电器的标准。

有好的技术论点指出,应分配一个新的、保留的、低频段供智能计量专用,这将导致更低的功耗、更大的范围且不会有干扰问题。它需要政府的理解和行动,但目前还没有这类迹象。相反,我们很可能会看到采用各不兼容标准的仪表推出,以及后续的升级、更换或五年后放弃该技术。

12.5 家庭自动化

自 20 世纪 50 年代以来,家庭自动化一直是即将出现的市场,而我们仍在等待着它。它一直被消费者认为会增加而不是简化他们生活的复杂性。这个观点可能即将会被改变,在很大程度上得益于智能仪表的部署。

如果用户开始关注他们使用的能源,并因此改变其能源使用的行为,智能仪表将只会提供他们许诺的好处。智能能源背后的惩罚是,如果用户不这样做,他们将需付较高的能源价格,并有可能因"挥霍"能源使用而被政府收税。

如果这确实导致用户行为的变化,那么也意味着,由于消费者学会使用能源监视器和程序,他们在日常生活中将会与家居控制和规划交互更多。如果是这样,整合其他家庭自动化设备到同一个生态系统中会变得更容易。最重要的一点是,使用同一可互通无线标准启用生态系统时,它工作在最佳效果。所以,赢得智能电表市场的无线标准,直接受益于一个开发家庭自动化市场的双重打击。

而智能仪表终将推出,无论消费者最终是否购买它们。任何家庭自动化开支将自由支配,所以对于要在大众市场发展,它需要将其优势作为卖点。因此,最好的机会有可能是在 HVAC(采暖、通风和空调)上,不仅仅因为这是主要的能源用户。家用温度控制调节器几乎肯定会为消费者展现最大的回报。

机会是双重的。首先,它允许对现有装置的改造,因为这通常只需要更换控制电路。每个装置可能需要多个传感器,尤其是当更为先进的系统利用外部温度传感器来支持预测控制的情况。

第二个机会是无线照明。这里的货币回报不太明显,特别是由于低耗能灯泡和 LED 的问世,房子的照明成本在未来十年会降低。无线的优点是便于安装,且开关不再需要布线。它们可以是使用电池或自供电的。

由于无线灯开关的主要优点是安装方便,那么存在一种可能性,即制造商可能会为智能电表选择采用不同的无线标准,它们相互间底层要求有冲突。这不会影响它们的运作,但却可能使开发一个智能的、所有耗能设备可相互通信的家变得更加困难。这是否发生将在市场中呈现出来。

家庭自动化的第三个机会是在家庭安全领域。现在已经有很多厂商销售基于各种专利和标准无线技术的无线家庭安全系统。由于它们都不约而同地被作为一个完整系统来销售,目前还没有实现互操作的必要,所以无线芯片的选择因素主要是低成本和低功耗。更加规范化的无线成为家庭基础设施的一部分,有越来越多的理由将家庭安全迁移到同一个网络中。在最基本的层面上,这使得对灯的控制成为家庭网络中预防功能的一部分。安全控制器可以学习常规使用模式,并设置为每当房子无人时重复执行,在需要的时候可调整。

共用一个无线标准的最后一个好处是为下一个阶段的发展做准备。那时将实现外部控制家庭网络,比如,让业主检查当去度假时他们是否真的忘记关烤箱。虽然有些用户会喜欢这一前景,但很可能大部分人会考虑它严重的副作用而将它忽略。它仍然可能提供一个机会为你服务,即做个基于 Web 的门房迎接你的到来。然而,在本书的在世之年这可能不会是一个主要的市场。

12.6　消费类电子产品

到今天为止,在这个舞台上最成功的无线技术一直是蓝牙,它主要应用在耳机市场。在其他领域上的成功,比如其在游戏控制器上的使用,如任天堂、Wii 中,它一直作为一个应用程序的芯片,是与供应商一起设计的结果。

虽然没有理由怀疑蓝牙耳机市场将继续增长,并有可能因立体声无线耳机市场而增强,但这些都可能是今天市场的逐步扩大。

市场提供的更有趣的增长机会是那些与互联网连接的设备和手机的时尚配饰。

12.6.1　联网设备

这些是需要连接到互联网的产品。对这类产品,联网是要求,而不是一个选项,因为连接和 Web 服务是其功能的一个不可分割的一部分。它包括静态的设备,如网络摄像机和防盗报警,分为前一类家庭自动化、医疗和健身监控设备以及连接现有的消费电子设备,如机顶盒。

其中一些很可能由近日出现的低功耗 Wi-Fi 芯片提供服务。虽然使用 Wi-Fi 的观念以及其不断增长的基础设施已经存在一段时间了,但是实施的成本一直较高,功耗已授权电力网供电,安装需要一定程度的专业技术。此外,还需要已安装足够宽的 Wi-Fi 接入点及宽带网络基础设施,以允许单位购买和出售,而不必担心是否有一个显著比例的回报。在许多国家中,这些要求现在已经实现了,尽管它仍远未普及。克服这些障碍,需要更大范围的厂商创新。

虽然很多联网的设备是功能性的项目,如家庭 M2M 和安全产品,亦有应用程序用于娱乐和打发无聊时间。其中一个先驱是 Nabaztag 兔子[18],它连接到用户的 Wi-Fi 网络,可以被编程来执行各种动作,动动它的耳朵并响应用户操作。它是这个领域少数的早期进入者之一,且成功地吸引了足够多的用户停留于产品。部分的成功已经产生于围绕其用户的社区。这个例子突出所有这些 Web 或 Web 服务接口的产品的关键,为那些觉得购买和安装产品很麻烦的用户提供了一个令人信服的理由。

低功耗蓝牙有可能实现更大数量的产品,它使用移动电话作为网页链接,而不是用 Wi-Fi 网络。原理仍然是相同的,但它受益于围绕这些设备提供服务的网络运营商的促销和补贴。对网络运营商而言,它提供了一个令人兴奋的新机遇,无需在手机上按一个按键即可从用户获得收入。

到 2015 年,产品中加入低功耗蓝牙以支持即时连接的成本将下降 1 美元以下。如果让人感兴趣的 Web 服务出现,很可能使互联网连接在消费电子设备中普遍存在,就像如今的微处理器一样。

12.7 时尚无线

低功耗蓝牙将开启一个新的市场,即一系列可连接至手机的产品。这些设备最初并不能连接互联网,但可以与手机进行交互,既可以作为附属显示也可以控制手机功能。

12.7.1　标签

首个出货的低功耗蓝牙配件可能是一个安全标签,它采用低功耗蓝牙的临近功能作为一个手机的安全密钥。它将提供两种功能。第一个功能是它可以作为手机锁,在标签附近时才能启用手机的键盘。第二个功能是手机可以设定当标签移出范围时响铃,以提醒用户电话已经落下或被盗。标签还将实施一个"发现者"功能,这个功能被激活时会导致电话铃响,即使手机之前处于静音状态,也可以发现放错位置的手机。

12.7.2　手表

另一家颇具吸引力的市场是将无线连接添加到手表。在过去十年的大多数时间中,手表的销售额一直在下降,业界将手表连接至手机视作一种使新一代消费者重新使用腕表的方式。

主要的使用模型是作为一个远程显示和控制。当有来电时,用户可以查询手表,看是谁在呼叫,然后用腕表上的按钮来接受或拒绝呼叫。相同的腕表接口也可以被用来遥控耳机,可以是移动电话的蓝牙耳机,或者作为一个音乐播放流至无线立体声耳机的遥控器。后者的应用带来了一些可用性问题,以及需要一系列产品间的互通性,因此不太可能出现量产,直至一个完备的连接产品的基础设施出现。

12.7.3　手镯——新式手表

手腕应该是时尚无线在人身上竞争最激烈的部位了。尽管钟表行业想通过无线振兴,手镯同样有可能沟通或控制手机和其他无线功能的配件,成为更具吸引力的购置物。

手镯可结合标签的邻近功能来进行访问控制,以及提供远程控制电话和其他设备。通过手机连接到一个 Web 服务,还可提供按键与穿用者的社交网站直接沟通。从长远来看,它们提供了一个纳入生理传感器的机会,将其变成谨慎的个人健康监测。

12.8 工业和自动化

工业市场接受新技术通常十分缓慢,但在过去的几年中,已经开始接受无线作为技术库的一部分。它现在与标准工作组紧密合作,以确保最新一代的规范满足它的需要。

工业自动化和监测设备要求可靠性,不仅要有物理方面的可靠性,而且它们要有能力应付一个嘈杂的无线环境。在过去的十年中,一些不同的无线标准曾试图打入这个市场,但由于考虑到它们的抗干扰能力,大多数都被拒绝。目前正在开发的标准,要么是扩展目前的工业标准,如无线 HART,或是基于蓝牙或 ZigBee PRO 协议,利用它们各自跳频或冗余网状拓扑结构的功能。

多年来,这个市场已经开发出了自己的协议,特别是现场总线、ISA 和 Modbus。它也一直极度专有化,尤其是传感器的接口,有制造商专门提供完整的系统,以及更换传感器的持续的市场。

像别处一样,买家不断增长的对互操作性的需求,让他们可转换多个供应商的传感器。虽然这可能不会影响市场的整体规模,但早早实施无线标准的供应商很可能获得市场份额。

12.9 自供电传感器

我们正处于低功耗无线允许自供电传感器建设的时刻。随着新一代芯片和能量采集源的出现,一个新的市场被开辟出来,这种传感器不需要电源的传感器和开关设备,可以部署在任何地方。这是一个较长期的市场,无论是用于 ZigBee 或低功耗蓝牙,可能都需要至少额外一代芯片组。当它们的休眠电流低于 $1\ \mu A$ 时,一组全新产品的出现就成为可能。

12.10　隐私问题

几乎上面提到的所有的应用程序都涉及测量或生成个人数据,并将其发送到远程应用程序。是否为了好玩才这样做,如运动器材和 Nabaztag 兔子这样的设备;或是作为个人选择的结果,在医疗监测的情况下,可能与保险或老人养护有关;或是为促进就业,如商业驱动器监测一样;抑或出于政府的法令,它改变了现状和对私人信息的看法。

这会引起人们对打开潘多拉盒子的隐私担忧。一种极端情况下,它可以被看作是一个充满爱心的行政部门或雇主的仁慈面孔。在另一个极端,它可能会是不可接受的政府入侵和迈向老大哥状态。通常情况下,看法取决于消息和应用如何被抛出。举个例子,一些公司已成功引进了驱动监控以获得利益,它们声称在加强司机的专业地位。其他公司已经暗中安装了相同的设备,并因这样做而失去了自己员工的信任。再来看一下涵盖个人医疗保健和旅游的应用,潜在的隐患会更大。

我们已经多次看到,应用如果要获得成功,激发终端用户的兴趣是至关重要的。数据隐私的处理也同样重要。哪怕是由政府立法规定的东西,向用户呈现数据将如何被处理仍是其被接受的基础。任何采用无线捕获或发送个人数据的公司都需要深知其能激发的情感。不同的群体和国家之间可能会非常多样化,除非他们这样做,并在他们的市场营销和业务计划内意识到这一点,否则无线可能不会提供任何预期效益。

12.11　小结

新市场的机会是给后来者的,短距离无线技术还有更多潜力可挖掘。最主要的技术一直被世界各地的政府推广:医疗保健、智能能源和智能交通运输系统,都可以依靠短距离无线连接。这个时机是不错的,因为无线标准已建立成熟,且 ZigBee 和低功耗蓝牙均已达到了其必要的低功耗能力。

这些市场的增长速度可能不是由无线元件,而是由围绕产品的生态系统,最重要的是使用的方便性和所支持应用的可取性决定的。在这些领域的创新将确定下一个产品过一亿大关的领域。

我希望,这本书能让无线更容易地纳入产品,以便可以提供更多的时间给应用程序。可能永远不会有一个杀手级无线应用,但大量的小规模市场可能会合计成较大的整体。对所有无线标准而言,未来十年都是令人兴奋的。

12.12　参考文献

[1] Mark Pearson, Disparities in health expenditure across OECD countries, (September 2009), www.oecd.org/dataoecd/5/34/43800977.pdf.

[2] The Continua Health Alliance, www.continuaalliance.org.

[3] Revolution Health, www.revolutionhealth.com.

[4] Google Health, www.google.com/health.

[5] Microsoft HealthVault, www.healthvault.com.

[6] ABI research, Wearable wireless sensors. www.abiresearch.com/research/1004149.

[7] European Commission: eurostat, Population growth projections. http://epp.eurostat.ec.europa.eu/portal/page/portal/population/data/main_tables.

[8] World Resources Institute, World greenhouse gas emissions in 2005, (July 2009), http://pdf.wri.org/working_papers/world_greenhouse_gas_emissions_2005.pdf.

[9] Joint Transport Research Centre, Transport Outlook 2008 – focusing on CO_2 emissions from road vehicles, (May 2008), www.internationaltransportforum.org/jtrc/DiscussionPapers/DP200813.pdf.

[10] IEEE 1609 Working Group, DSRC & P1609 project page. http://vii.path.berkeley.edu/1609_wave/.

[11] Car2Car Consortium, www.car-to-car.org.

[12] Local Commnications Development, Report of the SRSM steering group. http://srsmlocalcomms.wetpaint.com/page/Report.

[13] The Wavenis Open Standard Alliance, www.wavenis-osa.org.

[14] Wireless M-bus. *Communication system for meters and remote reading of meters.* European standard EN 13757–4:2005.

[15] Pike Research, Smart electrical meters, advanced metering infrastructure, and meter communications: market analysis and forecasts, (November 2009) www.pikeresearch.com/research/smart-meters.

[16] Another blow for UK smart meter rollout, (20 September 2009), www.smartmeters.com/the-news/637-another-blow-for-uk-smart-meter-rollout.html.

[17] Deparment of Energy and Climate Change, Smart meter roll-out: market model definition & evaluation – a report by Baringa Partners. www.decc.gov.uk/en/content/cms/consultations/smart_metering/smart_metering.aspx.

[18] Nabaztag, The first smart rabbit. www.nabaztag.com.